千椒百味：

停不了口的馋嘴家常菜

邱克洪 编著

U0213367

甘肃科学技术出版社

图书在版编目（CIP）数据

千椒百味：停不了口的馋嘴家常菜 / 邱克洪编著
-- 兰州 : 甘肃科学技术出版社，2017.9
ISBN 978-7-5424-2419-8

Ⅰ．①千… Ⅱ．①邱… Ⅲ．①家常菜肴－菜谱 Ⅳ.
①TS972.127

中国版本图书馆CIP数据核字(2017)第229666号

千椒百味：停不了口的馋嘴家常菜
QIAN JIAO BAI WEI:TING BU LIAO KOU DE CHANZUI JIACHANGCAI

邱克洪　编著

出 版 人　王永生
责任编辑　陈学祥
封面设计　深圳市金版文化发展股份有限公司

出　版　甘肃科学技术出版社
社　址　兰州市读者大道568号　730030
网　址　www.gskejipress.com
电　话　0931-8773238（编辑部）　0931-8773237（发行部）
京东官方旗舰店　http://mall.jd.com/index-655807.html

发　行　甘肃科学技术出版社　　印　刷　深圳市雅佳图印刷有限公司
开　本　720mm×1016mm　1/16　印　张　18　字　数　350千字
版　次　2018年1月第1版　　印　次　2018年1月第1次印刷
印　数　1～6000
书　号　ISBN 978-7-5424-2419-8
定　价　39.80元

千椒百味、无辣不欢：

家常菜的终极意义在于获得幸福感

　　酸甜苦辣咸是人们常尝到的几种味道。说起酸甜，人们首先想到的会是贵州菜和沪杭本帮菜；而谈到辣，人们则一定会推荐川湘菜。尤其在我们博大精深的中华传统饮食里，川菜的千椒百味是不可或缺的。如果你要问四川人能不能吃辣，估计就和你问巴西人会不会踢球一样。这千椒百味、无辣不欢可是四川人的"出厂设置"，天生自带的。无疑，一道道色泽红亮、麻辣鲜香的川菜佳肴，已经成为天府之国四川菜最"活色生香"的味觉名片。在无数个"巴山夜雨涨秋池"的平凡日子里，这一枚枚火红的辣椒，连同一粒粒青翠的花椒，不仅让无数美人英雄竞折腰，更让四川这个千椒百味的麻辣江湖，演绎出风靡百年的传奇与骄傲。

　　"尚滋味，好辛香"，作为中国八大菜系之一，川菜以善用麻辣而著称。但作为川菜中最重要调味品之一的辣椒，却是一种地地道道的舶来品。辣椒原本生长于南美洲，15 世纪传入欧洲，16 世纪传入日本，后来从福建登陆中国，沿着长江一路西进，最后传入湖南、贵州、四川等地，并在当地留下了"四川人不怕辣，湖南人辣不怕，贵州人怕不辣"的说法。在四川，著名的辣椒有灯笼椒、朝天椒、七星椒、小米椒等。但在这五花八门的辣椒里，成都人却偏偏对二荆条钟爱有加。成都市双流县牧马山上的二荆条，个细体直，椒尾尖弯、状如鱼钩，熟透后显得鲜红光亮，辣味适中，香味醇厚，是正宗川菜调料中不可缺少的重要原料，甚至被誉为"川菜之魂"的郫县豆瓣中也少不了用二荆条来提味增鲜。悠长的时光，让辣椒褪去了燥烈，变得温и醇厚，并最终变为一坛坛包含着岁月的郫县豆瓣。如今，在位于郫县的成都川菜博物馆里，仍有几百个硕大无朋的酱缸静待岁月的酝酿。除了豆瓣，在四川人引以为傲的泡菜中，更是少不了二荆条迷人的倩影。一根根宛若美人玉指般的二荆条被成都新繁镇的人们在经过洗净、切段、晾干等工序之后，被细细地码放在泡菜坛中，等待时光的发酵。大名鼎鼎的熟油海椒更是辣椒的一次华丽转身。所谓熟油海椒，就是用热油烫熟的海椒面，而将熟油海椒过滤后得到的油则是红油。无论是夫妻肺片、蒜泥白肉等凉菜，还是红油凉面、红油抄手等小吃，红亮香醇的红油总是必不可少的重要调料。

虽然辣椒在川菜中堪称"无冕之王"，但若要凸显川菜的麻辣鲜香，更是少不了一种神奇的果实——花椒。与远道而来的辣椒不同，气味芬芳而口感酥麻的花椒是土生土长的本土香料。《诗经》中就曾对其香气有过生动的描述："有椒其馨，胡考之宁。"正是凭借着花椒这令人惊艳的椒麻，再配上辣椒让人拍案的香辣，才最终实现了川菜的笑傲江湖、独步天下。

花椒辣椒一相逢，便胜却人间无数。在中国博大精深的饮食文化中，不同食材之间因组合与碰撞而产生变化的奇观，总是令人回味无穷。川菜中辣椒与花椒的"香艳"相逢，无疑是饮食史上最大的缘分。在辣椒传入中国之前，川人所钟爱的"辛香"其实主要来自花椒。四川一直都是中国最重要的花椒生产地和食用地。四川的花椒不仅产量高，而且品质也最好，其中尤以产自雅安市汉源县的清溪花椒最为著名。清溪花椒不仅色泽丹红，粒大油重，而且芳香浓郁、醇麻爽口，早在唐代就被列为贡品，因此也被称为"贡椒"。

当漂洋过海而来的辣椒与土生土长的花椒在四川相遇之后，便迅速在天府之国掀起了一场如火如荼的"麻辣风暴"，开始了延续百年的麻辣传奇。

本书介绍的家常菜，材料新鲜，上菜快，下手重，镬气旺，走的是大众家常菜的套路。比如回锅肉，和传统回锅肉不同的是肉切得特别薄，旺火成型，夹一片，配上斜切成马耳状、刚刚断生的青蒜苗，满口都是略带辛辣的脂香。再比如口水腰花，用泡椒和鲜椒炒出香味，加入四川酸菜丝和生姜丝烹煮，开锅时下入处理好的腰花，酸辣麻爽立刻附着在鲜嫩腰花的每一道切口上，吃起来让人欲罢不能。书中几乎所有的菜对主食都充满"仇恨"，每一道上来都能消下去一碗米饭。下米饭，这是家常菜天经地义的任务。也许有人会说，不要误导读者对美食的判断，真正的美食是味觉艺术，而不是果腹。本书介绍的家常菜虽谈不上精致，但不仅对川渝家常菜的还原度很高，而且口感相当稳定。至于回到"什么是美食"这样讨论，编者以为，家常菜的终极意义在于获得幸福感。这种幸福感有时候和食物本身相关，有时候和生活经历相关。

赖咏

目录

Part 1　烹饪有道，享受馋嘴家常菜

Part 2　畜肉篇

CONTENTS

Part 3　禽蛋篇

CONTENTS

CONTENTS

Part 4　水产篇

CONTENTS

CONTENTS

烹饪有道，享受馋嘴家常菜

吃多了餐馆里重口味的菜，家常的味道、营养和健康逐渐成为我们所追求的。生命最重要的物质基础来源于食物，所以，吃什么、怎么吃就成了营养的关键所在。但是，怎么样炒出家常的味道，最大限度地保留营养是很重要的。本章将为你详细介绍炒前准备技巧和烹饪小窍门。

炒前准备

炒菜之前的准备工作非常重要。从选锅，到选油，再到挑选食材，洗、切，所有的这些准备工作都需要细致地做好，才能炒一桌好菜。

1.选锅

想要做得一手好菜，就要有顺手的烹饪"装备"，比如锅。不要小看锅的重要性，如果有一口导热性恰到好处的锅，即使随便炒个青菜，也能喷香四溢。对于父母那一辈人来说，用惯的老锅就是家里"金不换"的宝贝。

对于厨艺新手来说，市面上可以选择的锅有以下几种。

不锈钢锅

不锈钢锅使用特殊工艺使锅体表面具有一层氧化薄膜，增强了其耐酸、碱、盐等水溶液的性能，同时能耐高温、耐低温，而且美观卫生。但是，不锈钢锅切忌长时间存放菜汤、酱油、盐等酸、碱类物质，以免其中对人体健康不利的微量元素被溶解出来。

铁锅

铁锅是最我国最传统的锅具，也是"农家菜"特别香的秘密。铁锅炒菜特别香的原因是，生铁导热较慢，食材能均匀受热，火候也容易控制。铁锅又可分为生铁锅和熟铁锅。生铁锅导热更慢，更不易糊锅，并可避免油温过高，有益健康。此外，铁锅也是被世界卫生组织推荐使用的"最安全的锅"，因为生铁在冶炼过程中不需加入其他微量元素，而炒菜时微量的铁质溶出对人体是有益的。

电炒锅

随着生活节奏越来越快，电炒锅越来越多地出现在都市人的厨房中。电炒锅既可以用来炒菜，也可以进行煎、炸操作，煲汤、炖肉也不错，而且具有方便、清洁及可以自由调节温度等诸多优点。电炒锅是轻松便捷的新选择，只要插上电源即可使用，无需炉灶，并且可以自由调节温度，使初学烹饪、缺乏经验的人也能轻松掌握火候。

2.选油

面对五花八门的食用油，你会挑吗？你知道哪些食用油适合炒，哪些食用油适合凉拌么？你家里经常出现的菜品是哪些，烹制这些菜品你用对油了吗？

花生油

花生油适合炒制各类食材，其热稳定性很好，因此也是高温油炸的首选油，制作炖菜和凉拌菜时则不宜选用。纯正花生油在冬季或放入冰箱时呈半固体混浊状态，但不完全凝结。由于花生容易感染黄曲霉，而黄曲霉毒素具有强致癌性，因此一定要购买品质有保证的高级花生油。

色拉油

色拉油最大的特点是可以生吃，因此是制作沙拉、凉拌菜的最佳选择。色拉油也可用于烹调菜品，并具有不起沫、油烟少等优点。

玉米油

玉米油主要由不饱和脂肪酸组成，具有降低胆固醇、防治心血管疾病的保健功效，并且口感好，不易变质。玉米油结构稳定，适合于炒菜和煎炸。若用来烹制肉类，肉质中的脂肪还有助于人体对玉米油中维生素E的吸收，是营养佳选。

葵花籽油

葵花籽油含抗氧化成分，营养价值较高，适合温度不太高的炖炒，不宜用于高温煎炸。葵花籽油尤其适合烹制海鲜类、菌菇类食材及海带、紫菜、芦笋等食材，因其味道和这些食材的味道比较接近。

调和油

调和油是几种食用油经过搭配调和而成的，其特性根据其原料不同而有所差别，但都具有良好的风味和稳定性，适合烹制家常大部分菜品。

橄榄油

橄榄油富含单不饱和脂肪酸，营养价值很高，它具有独特的清香，用来炒菜、凉拌都可增加食物的风味，尤其适合淋在新鲜的蔬菜沙拉和刚炸好的牛排上，也是很好的腌渍、烘焙用油。

大豆油

质量越好的大豆油颜色越浅，最优质的大豆油应是完全透明的，无任何浑浊、杂质。大豆油有种豆腥味，不宜烹制清淡的菜品，以免串味，但若用来烹制加了豆瓣酱调味的菜品则可增香。另外，大豆油应避免高温加热及反复使用，因此不宜作为油炸用油。

3.选食材

如何挑选到好的食材，相信是很多厨房菜鸟急需掌握的知识点。那么到底怎么才能够选到最新鲜的食材呢？

首先，一定要多买当地盛产的时令食材。本地食材在当地销售，由于没有经过长时间、长距离的运输，营养成分损失较少，尤其是蔬菜、水果等保鲜期比较短的食材。另外，当季食材往往比反季节食材更加新鲜好吃。

其次，在买菜的时间选择上，可以起个大早去市场。去菜市场买菜可以货比三家，因此菜品一般都比较新鲜。但最新鲜的菜往往在一大早就被人"抢"走，剩下的品质越来越差，因此要吃到最新鲜的菜，起个大早很有必要。

如果要买海鲜，时间充裕的话，一定要去批发市场。海鲜批发市场不仅品种多，而且个头大，新鲜度也比较高，并且因为摊位较多，价格也相对公道。

4.切菜也有秘诀

烹饪任何菜肴，都很难离开刀工这道重要的工序，大多数食材都需要经过刀工的处理才能用于烹饪。

刀工的作用

- 原料经刀工处理后，便于烹饪，食用方便。
- 烹调时易于着色入味，受热均匀，成熟快，利于杀毒消菌。
- 原料经刀工处理后，能形成各种不同的形态，富于变化，使菜肴丰富多彩。
- 原料切割后，形状整齐美观，增加食欲，利于消化。
- 原料经刀工处理后，能弥补其形状不规格的缺陷，使得物尽其用，节约原料。

刀工的基本要求

刀工处理是烹制过程的重要组成部分。一切原料在烹饪前都必须经过特定的刀工处理，使其具有各种形状，如丁、丝、片、块等。有时对已烹制成熟的某些成菜，也需要进行适当的刀工处理才便于食用。

1 应烹调的需要

由于菜肴有多种烹调方法，这就要求原料的形状也要适应烹调方法的需要。因此，烹调前就要用不同的刀法对原料进行刀工处理。

2 应整齐、均匀

原料经刀工处理后，不论是丁、丝、片、块、条、粒等形状都应做到粗细均匀、长短相等、厚薄一致、大小相称，而且要互不牵连、截然断开。

3 掌握质地，因料而异

烹饪原料有老、嫩、软、硬、脆、韧之分，有带骨、无骨，肉多骨少或骨多肉少之别。刀工处理时，必须根据原料质地的不同，运用不同的刀法进行处理。

刀工类型

根据原料的不同性质（脆嫩、软韧、老硬）采用不同的运刀方法，切成不同的形状，可使食物在烹制时受热均匀，容易入味。

块

块的种类有很多，常见的有象眼块（菱形块）、大小方块、长方块、劈柴块、大小滚刀块等。

象眼块	又叫菱形块，将原料改刀切厚片，再改刀切条，斜刀交叉切成。
大小方块	边长为3.3厘米以上叫大方块，低于3.3厘米叫小方块，一般是用切和剁的刀法加工而成。
长方块	长方块形状如骨牌又叫骨牌块。一般认为，长方块厚为0.8厘米，宽1.6厘米，长5~8厘米，呈长方形。
劈柴块	形似劈柴。这种形状多用于茭白、黄瓜等原料。例如，拌黄瓜时黄瓜一刀切开两瓣，再拍松片成劈柴块，其长短薄厚不一，就像旧时做饭劈柴一样。
排骨块	类似猪排骨，形状在3.3厘米左右，长短薄厚不一的块。
滚刀块	这种块是用滚刀法加工而成的形状。先将原料的一头斜切一刀，滚动一下再切一刀，这样切出来的块叫滚刀块。

片

常见的片有柳叶片、象眼片、月牙片、薄片等。

柳叶片	这种片薄而窄长，形似柳叶，一般用切的方法制成。
象眼片	又称菱形片，是将原料改成象眼块（菱形块），再用刀切成薄片而成。
月牙片	先将圆形原料切成半圆形，然后再改切成薄片即成。
厚片、薄片	片的厚度在0.5~1厘米叫厚片，0.3厘米以下叫薄片，一般用切和片的刀法加工而成。

条

先把原料片成厚片，再切成条。

条	形状长4.5厘米，宽和厚1.5厘米。
细条	形状长4厘米，宽和厚1厘米。

段

对旺火速成的菜肴，原料要适当切得薄一些、小一些，以便快熟入味；对小火慢成的菜肴，原料则要切得厚一些、大一些，以免烹调时原料变形。

球

球形菜料是用挖球器制出来的，多见于地方菜。主要以脆性原料为主基料，例如土豆、南瓜、黄瓜、萝卜等，还有用花刀的方法切成块加热或制成球状，即剞球。

丝

切丝要把原料先加工成片状，然后再切成丝。片的厚薄直接决定了丝的粗细和均匀度，所以在切片时应讲究均匀度。丝的长度为5厘米左右。

阶梯式	把片与片叠起来，排成斜坡，呈阶梯状，由前到后依次切下去，这种方法应用广泛。
卷筒式	将原料一片一卷叠成圆筒形状，这种叠法适用于片形较大较薄、性质韧性的原料，例如豆腐皮、蛋皮、海带等。

丁、粒、米、末、蓉

先把原料片成厚片切成条或细丝，再将条或细丝切成丁、粒、米、末、蓉。

丁	大丁为2～1.5厘米见方，小丁1.1～1.4厘米见方，碎丁1.0～0.8厘米见方。
粒	仅小于碎丁。大粒0.6厘米左右，小粒0.4厘米左右。
米	是将原料切细丝，再切成如小米大小，均匀的细状，0.3厘米见方。
末	是剁碎的原料，例如肉末、姜末、蒜末等。
蓉	肉类原料中多指剁后馅料再用刀背砸细成泥状。

花刀

混合刀法又叫花刀。操作方法是：将原料平铺，用反斜刀法在原料表面划出距离均匀深浅一致的刀纹，然后再转个角度用直刀法切。由于剞法不同，加热后所形成的形态也不一样。

烹饪秘诀

掌握一些简单、实用的烹饪秘诀，比如火候、调料等，往往能收到意想不到的效果。掌握这些秘诀，保证让你做出来的菜更加美味。

1.火候

天下美味都离不开火。大厨炒菜时，将锅边轻轻一转，锅里就"着了火"，一瞬间又灭下去，可就那么一瞬间，锅里便有了"灵气"，再简单的食材也能变成一道佳肴。

如果想使炒菜更香，掌握好火候很重要。在使用圆底锅炒菜时，火的大小显得尤为重要，因为圆底锅的锅底和炉灶的直接接触面积很小，如果火不够大，那么锅内中上部的食材处于受热不均的状态，只能依靠从锅底慢慢传上来的热量被加热，炒出来的菜自然口感不佳，特别是对于脆嫩易熟的原料、形状碎小的原料，急火快炒才能保证好味道。整形大块的原料在烹调中，由于受热面积小，需长时间才能成熟，火力则不宜过旺。

如果在烹调前通过初步加工改变了原料的质地和特点，那么火候运用也要改变。如原料经过了切细、过油、焯水等处理，可适当调小火力。此外，原料数量越少，火力相对就要减弱，反之则增强。

有些菜根据烹调要求要使用两种或两种以上火力，需灵活调整，如清炖牛肉需先旺火，后小火；而氽鱼脯需先小火，后中火；干烧鱼则需先旺火，再中火，后小火烧制。

2.调料

调料有酸、甜、苦、辣、咸的区别，不同的调料对于菜肴的味道有着不同的作用和影响。盐、糖、生抽、料酒等等这些常用的调料里面都隐藏着怎么样的秘密呢？

白糖——增鲜提味

白糖是由甘蔗或者甜菜榨出的糖蜜制成的精糖。在制作酸味的菜肴汤羹时，加入少量白糖，可以使味道格外可口。如西红柿具有微酸的味道，所以在炒西红柿时适量加些白糖，可以使西红柿的香味更佳。

此外，适合用白糖增味的家常菜还有醋熘菜肴、酸辣汤、酸菜鱼等。

醋——去腥解腻

醋具有去膻、除腥、解腻、增香等作用。放醋的最佳时间在"两头"，即食材刚下锅时与临出锅前，前者如酸辣土豆丝，先下醋可以保护土豆中的维生素，并使其口感脆而不面；后者如糖醋排骨、干锅手撕包菜，后放醋可除腥、增香。但由于醋兼具酸味与香味，后下醋的一些菜肴往往仅需其香味去腥，而不需其酸味，这时可以用锅勺将醋迅速扑浇在锅边烧热的地方，使酸味物质遇热迅速挥发，而留其香味融入菜肴。

啥时候放盐？菜说了算！

烹调前先放盐的菜肴：
在烧整条鱼或者炸鱼块的时候，在烹制之前，先用适量盐腌渍食物，再进行烹制，有助于咸味的渗入。

在刚烹制时就放盐的菜肴：
做红烧肉、红烧鱼块的时候，肉、鱼经过煎炸之后，即应放入盐及调味品，然后旺火烧开，小火煨炖。

熟烂后放盐的菜肴：
骨头汤、猪蹄汤等荤汤，在熟烂后放盐调味，这样才能使肉中蛋白质、脂肪较充分地溶在汤中，使汤更鲜美。同理，炖豆腐时，也应当熟后放盐。

剁椒、泡椒——人人爱

剁椒辣而鲜咸，在制作时加入了盐、蒜、生姜、白酒等，最适合搭配口感鲜嫩的食材，可以使食材鲜而不淡，微辣适口，令人食欲大增。

泡椒则是用泡菜水腌制出来的辣椒。泡椒色泽亮丽，口感清脆微酸，辣而不燥，最适合与鱼类食材搭配，还可以增进食欲。

剁椒和泡椒一起做成的双椒鱼头，是道经典的开胃家常菜，风味独特，其做法很简单：在腌渍好的鱼头上，一半铺上剁椒，另一半铺上切碎的剁椒，入锅蒸熟，再浇上热油即可。

生抽、老抽——酱香必备

酱油是我国传统的调味品，具有独特的酱香，因而成为制作家常菜的必备调料，一般分为生抽和老抽两种。制作不同的菜品时应选择合适的酱油，不可混用，或一瓶酱油用到底。

从颜色上看，生抽颜色较淡，呈红褐色；老抽颜色很深，呈棕褐色并具有一定的光泽。从味道上分辨，生抽较咸，而老抽有一种微甜的口感。从用途上看，生抽一般用于调味，适用于炒菜；老抽则用来给食材着色，多用于烹制红烧菜品。

除了生抽和老抽的分法，酱油还可按其卫生指标分为"佐餐酱油"和"食用酱油"，两者所含的菌落指数不同，前者可以生吃，如制作凉拌菜或蘸食；后者一般不能用来生吃，需要加热才能食用。在选购时需仔细查看标签。

烹饪时加入酱油的时间要依据食材的不同而有所区别。烹制动物性食材如鱼、肉时，酱油要早点加，以便于食材入味；一般的炒菜，最好在菜快出锅时再加，这样可以避免酱油中的氨基酸被高温破坏，从而保存其营养价值和原有的风味。

料酒——去腥、增香

料酒是一种烹饪用酒，其酯类和氨基酸含量高，所以香味浓郁，具有去腥、解腻、增香的作用，是烹制动物类食材时必不可少的调料，可用于生肉、生鱼的腌渍，也可直接用于烹调。

料酒可使食材更容易熟，质地更松软，这是因为在烹调过程中加入料酒后，其所含的酒精可以帮助溶解食材中的有机物质。其后酒精会受热挥发，而不留存在菜肴中，因此也不会影响菜品的口感，其中的水分还可代替烹调用水，增加菜品的滋味。

料酒中的氨基酸是其香味的主要来源，而且氨基酸还可以与食盐结合生成氨基酸钠盐，使鱼、肉的滋味更加鲜美；氨基酸还能与白糖结合生成芳香醛，释放出诱人的香气，因此将料酒与白糖一同使用是个不错的选择。

香辛料——必不可少

花椒：油热后放入花椒可以防止油沸，还能增加菜的香味。

八角：也叫大茴香，无论卤、酱、烧、炖，都可以用到它去腥、添香。

胡椒：适用于炖、煎、烤肉类，能达到香中带辣、美味醒胃的效果。

香叶：为干燥后的月桂树叶，用以去腥添香，多用于炖肉。

桂皮：为干燥后的月桂树皮，用以去腥添香，多用于炖肉。

小茴香：用以去腥添香，多用于炖肉，其茎叶部分即茴香菜。

烹饪窍门

同样的菜，同样的调料，同样的锅，为什么有的人做出来就很好吃，有的人做出来就让人难以下咽呢？做菜也有很多小窍门，只要摸到门道，就一定能做出可口美味的菜肴。

少用盐和味精

吸取过量的盐分和味精对身体绝无好处，可考虑用香料、调味醋、柑橘汁来取代盐。将大蒜和洋葱粉（不是蒜盐和葱盐）加进肉类和汤中，味道也不错。

出锅时再放盐

青菜在制作时应少放盐，否则容易出汤，导致水溶性维生素丢失。炒菜出锅时再放盐，这样盐分不会渗入菜中，而是均匀撒在表面，能减少摄盐量；或把盐直接撒在菜上，舌部味蕾受到强烈刺激，能唤起食欲。

鲜鱼类可采用清蒸、油浸等少油、少盐的方法。肉类也可以做成蒜泥白肉、麻辣白肉等菜肴，既可改善风味，又减少盐的摄入。

蔬菜先洗后切

蔬菜先洗后切与先切后洗营养差别很大！以新鲜绿叶蔬菜为例：在洗、切后马上测其维生素C的损失率是0%～1%；切后浸泡10分钟，维生素C会损失16%；切后浸泡30分钟，则维生素C会损失30%以上。

此外还要注意，切菜时一般不宜切太碎。可用手折断的菜，尽量少用刀，因为铁会加速维生素C的氧化，比如生菜、白菜、菠菜等叶类菜的处理。

减少油分

烹调时尽可能沥干油分，刚煎炸完的食物要用专用纸巾吸除油分。将吃不完的汤放在雪柜内，加热前便可将表面的油撇去。

烧焦的食物不要吃

自制烧烤类食物时很容易烧焦，烧焦的食物不仅味道不佳，口感不好，还会损害健康。因此要尽量少用明火烤肉，以降低食物烧焦的机会。使用微波炉做烧烤是不错的选择。

Part 2

畜肉篇

畜肉包括猪肉、牛肉、羊肉等肉类食物，畜肉类食物主要含蛋白质、脂肪、碳水化合物、磷、钙、铁、维生素等营养物质，营养丰富，口感较佳，不仅美味可口，还能强身健体。

茶树菇炒五花肉

原料 ● READY

茶树菇90克，五花肉200克，红椒40克，姜片、蒜末、葱段各少许

调料

盐2克，生抽5毫升，鸡粉2克，料酒10毫升，水淀粉5毫升，豆瓣酱15克，食用油适量

做法 ● HOW TO MAKE

1. 洗净的红椒切小块；洗好的茶树菇切去根部，再切成段；洗净的五花肉切成片。
2. 锅中注水烧开，放入盐、鸡粉、食用油，倒入茶树菇，煮1分钟，捞出，沥干。
3. 用油起锅，放入五花肉炒匀，加入生抽，倒入豆瓣酱，炒匀，放入姜片、蒜末、葱段，炒香。
4. 淋入料酒，炒匀提味，放入茶树菇、红椒，炒匀，加适量盐、鸡粉、水淀粉，炒匀即可。

小·贴士

茶树菇含有谷氨酸、天门冬氨酸、异亮氨酸、甘氨酸和丙氨酸等营养成分，具有健肾、清热、平肝、明目等功效。

豆豉刀豆肉片

 原料 •READY

刀豆100克，甜椒15克，干辣椒5克，五花肉300克，豆豉10克，蒜末少许

调料

料酒8毫升，盐2克，鸡粉2克，生抽5毫升，食用油适量

 做法 •HOW TO MAKE

1. 洗净的五花肉切成片；洗净的甜椒切开去籽，切成块；摘洗好刀豆切成块。
2. 热锅注油，倒入猪肉，炒转色，淋入料酒，倒入干辣椒、蒜末、豆豉，炒匀。
3. 加入生抽，倒入红椒、刀豆，快速翻炒片刻。
4. 倒入少许清水，加入盐、鸡粉、料酒，翻炒片刻，使食材入味至熟即可。

·小·贴士

猪肉含有脂肪酸、烟酸、维生素、胡萝卜素、膳食纤维等成分，具有滋阴润燥、益气补血、补肾养血等功效。

干豆角烧肉 <

原料 ●READY

五花肉250克，水发豆角120克，八角3克，桂皮3克，干辣椒2克，姜片、蒜末、葱段各适量

调料

盐2克，鸡粉2克，白糖4克，老抽2毫升，黄豆酱10克，料酒10毫升，水淀粉4毫升，食用油适量

做法 ●HOW TO MAKE

1. 将洗净泡发的豆角切小段；洗好的五花肉切成丁。
2. 锅中注水，倒入豆角，煮半分钟，捞出，沥干水分；用油起锅，倒入五花肉，炒出油脂。
3. 加入白糖炒溶化，倒入八角、桂皮、干辣椒、姜片、葱段、蒜末，爆香，淋入老抽、料酒，炒匀提味。
4. 加入黄豆酱炒匀，倒入豆角，加水煮沸，加盐、鸡粉，焖至食材熟软，倒入水淀粉炒味即可。

小·贴士

豆角含有淀粉、脂肪油、蛋白质、维生素B$_1$、维生素B$_2$、烟酸等营养成分，具有理中益气、补肾健胃、补肾止泄、和五脏、调营卫、生精髓等功效。

魔芋烧肉片

🌶 原料●READY

魔芋350克，猪瘦肉200克，泡椒20克，姜片、蒜末、葱花各少许

调料

盐、鸡粉各3克，豆瓣酱10克，料酒4毫升，生抽5毫升，水淀粉、食用油各适量

🍲 做法●HOW TO MAKE

1. 将洗净的魔芋切成片；洗好的猪瘦肉切薄片，加盐、鸡粉、水淀粉、食用油，腌渍入味。
2. 锅中注水烧开，加盐、魔芋片，焯煮约半分钟，捞出魔芋，沥干水分。
3. 起油锅，倒入肉片炒变色，淋入料酒，放入姜片、蒜末、倒入泡椒、豆瓣酱，炒出香辣味。
4. 放入魔芋片，加鸡粉、盐、豆瓣酱、水淀粉，炒入味，盛出装盘，点缀上葱花即成。

小·贴士

魔芋含有淀粉、蛋白质、维生素、钾、磷、硒等营养成分，具有活血化瘀、解毒消肿、宽肠通便等功效。此外，魔芋还含有魔芋多糖，对稳定血糖很有帮助。

田螺烧肉

 原料 ● READY

五花肉300克，田螺肉120克，彩椒40克，姜片、蒜末、葱段各少许

调料

盐、白糖各3克，生抽、老抽各3毫升，料酒5毫升，盐、鸡粉各2克，水淀粉、食用油各适量

 做法 ● HOW TO MAKE

1. 洗净的彩椒切块；洗好的五花肉切小块；锅中注水烧开，倒入洗净的田螺肉，煮约1分钟，捞出。

2. 起油锅，倒入五花肉炒变色，加入白糖，炒至溶化，加生抽、老抽、料酒，炒出香味。

3. 撒上姜片、蒜末，炒香，注入适量清水，倒入田螺肉，炒匀。

4. 加少许盐、鸡粉，拌匀调味，焖约15分钟，倒入彩椒，撒上葱段，用水淀粉勾芡即可。

 小·贴士

田螺含有蛋白质、灰分、硫胺素、核黄素、钙、磷、铁等营养成分，具有清热止渴、利尿通淋、明目等功效。

干煸芹菜肉丝

原料 • READY

猪里脊肉220克，芹菜50克，干辣椒8克，青椒20克，红小米椒10克，葱段、姜片、蒜末各少许

调料

豆瓣酱12克，鸡粉、胡椒粉各少许，生抽5毫升，花椒油、食用油各适量

做法 • HOW TO MAKE

1. 将洗净的青椒切细丝；洗好的红小米椒切丝；洗净的芹菜切段。
2. 洗好的猪里脊肉切细丝，入油锅，煸干水汽，盛出；起油锅，放入干辣椒炸香，盛出。
3. 倒入葱段、姜片、蒜末，爆香；加入豆瓣酱，放入肉丝，淋入料酒，撒上红小米椒，炒香。
4. 倒入芹菜段、青椒丝，炒断生，加入适量生抽、鸡粉、胡椒粉、花椒油，炒入味即成。

小·贴士

猪里脊肉含有优质蛋白、维生素A、维生素B、钙、铁、锌、镁等营养成分，具有补肾养血、滋阴润燥、润肌肤、止消渴等功效。

蒜薹炒肉丝

 原料 ● READY

牛肉240克，蒜薹120克，彩椒40克，姜片、葱段各少许

调料

盐、鸡粉各3克，白糖、生抽、食粉、生粉、料酒、水淀粉、食用油各适量

 做法 ● HOW TO MAKE

1. 将洗净的蒜薹切成段；洗好的彩椒切成条形；洗净的牛肉切大片，拍打松软，再切细丝。
2. 牛肉丝中加盐、鸡粉、白糖、生抽、食粉、生粉、食用油，腌渍入味。
3. 热锅注油烧热，倒入牛肉丝，滑油至变色，捞出，沥干油。
4. 油锅爆香姜片、葱段，放入蒜薹、彩椒、料酒、牛肉丝，加盐、鸡粉、生抽、白糖、水淀粉炒匀即可。

小·贴士

蒜薹含有胡萝卜素、纤维素、辣素、钙、磷等营养成分，具有降血脂、预防动脉硬化、润滑肠道、增强免疫力等功效。

甜椒韭菜花炒肉丝

 原料 • READY

韭菜花100克，猪里脊肉140克，彩椒35克，姜片、葱段、蒜末各少许

调料

盐2克，鸡粉少许，生抽3毫升，料酒5毫升，水淀粉、食用油各适量

 做法 • HOW TO MAKE

1. 将洗净的韭菜花切长段；洗好的彩椒切粗丝。
2. 洗净的里脊肉切细丝，加盐、料酒、鸡粉、水淀粉、食用油，腌渍入味。
3. 用油起锅，倒入肉丝炒匀，撒上姜片、葱段、蒜末，炒香，淋入料酒。
4. 倒入韭菜花、彩椒丝，炒至食材熟软，加盐、鸡粉、生抽、水淀粉，炒匀即可。

小·贴士

猪里脊肉含有蛋白质、维生素A、维生素E、烟酸、镁、锌、铜、钾、磷、硒等营养成分，具有改善缺铁性贫血、补虚损、健脾胃、滋阴润燥等功效。

尖椒回锅肉

原料 • READY

熟五花肉250克，尖椒
30克，红彩椒40克，豆
瓣酱20克，蒜苗20克，
姜片少许

调料

盐、鸡粉、白糖各1克，
生抽、料酒各5毫升，食
用油适量

做法 • HOW TO MAKE

1. 洗好的红彩椒去柄，去籽，切成滚刀块；洗净的尖椒切滚刀块；洗好的蒜苗切成段。
2. 熟五花肉切片，热锅注油，倒入五花肉，炒至微微转色，倒入姜片，炒至五花肉微焦。
3. 放入豆瓣酱，炒香，淋入料酒、生抽，放入切好的尖椒、红彩椒，炒断生。
4. 加入盐、鸡粉、白糖，倒入切好的蒜苗，炒至食材熟透入味即可。

小·贴士

尖椒含有纤维、维生素C、抗氧化物等营养物质，具有促进血液循环、排毒养颜、降低胆固醇等功效。

酱香回锅肉

 原料 ●READY

五花肉350克，青椒片、红椒片各20克，洋葱片35克，蒜片、姜片各少许，甜面酱25克

调料

盐3克，鸡粉、白糖各2克，料酒、食用油各适量

 做法 ●HOW TO MAKE

1. 锅中注水烧热，放入五花肉，放入姜片，加入盐、料酒，拌匀，大火烧开转小火煮熟。
2. 捞出煮好的五花肉，放凉后切成片。
3. 用油起锅，放入五花肉炒匀，加入蒜片炒匀，倒入甜面酱，注入清水，放入青椒片、红椒片、洋葱片，炒匀。
4. 加入白糖、鸡粉，翻炒约2分钟至入味即可。

小·贴士

洋葱含有维生素C、纤维素、叶酸、钾、锌、硒等营养成分，具有增强免疫力、增进食欲、帮助消化等功效。

香干回锅肉

原料 ●READY

五花肉300克，香干120克，青椒、红椒各20克，干辣椒、蒜末、葱段、姜片各少许

调料

盐2克，鸡粉2克，料酒4毫升，生抽5毫升，花椒油、辣椒油、豆瓣酱、食用油各适量

做法 ●HOW TO MAKE

1. 锅中注水烧热，倒入洗净的五花肉煮熟，捞出放凉；将香干切片；洗净的青椒、红椒切块。

2. 把五花肉切成薄片；用油起锅，倒入香干炸香，捞出沥干。

3. 锅底留油，放入肉片，炒出油，加入生抽，炒匀，倒入姜片、蒜末、葱段、干辣椒，炒香，加入豆瓣酱、香干，炒匀。

4. 加盐、鸡粉、料酒、炒熟，放入青椒、红椒，炒匀，淋入花椒油、辣椒油，炒至入味即可。

小·贴士

香干含有丰富的大豆卵磷脂，有很好的健脑功效；五花肉含有蛋白质、脂肪酸、维生素B$_1$、维生素B$_2$、烟酸等营养成分，具有补肾养血、滋阴润燥等功效。

酱汁狮子头

原料●READY

肉末700克，蒜末、姜末各15克，葱花10克，生粉20克，柱候酱20克

调料

白糖、胡椒粉各1克，蚝油10克，料酒、水淀粉各5毫升，生抽7毫升，芝麻油1毫升，十三香、食用油各适量

做法●HOW TO MAKE

1. 肉末中加入十三香、蒜末、姜末、葱花、料酒、生抽、白糖、蚝油、生粉，搅拌匀。

2. 热锅注油烧热，将拌好的肉末挤成肉丸，放入油锅炸至焦黄色，捞出沥干油。

3. 另起锅注油，倒入蒜末、姜末、柱候酱、生抽、清水、狮子头，加入蚝油、胡椒粉拌匀，焖入味，盛出。

4. 锅中汁液中加水淀粉、芝麻油、植物油，拌匀，制成酱汁，浇在狮子头上，撒上葱花点缀即可。

小·贴士

猪肉含有蛋白质、脂肪酸、维生素B_1、铁、锌等营养成分，具有补肾养血、滋阴润燥、补中益气等功效。

辣子肉丁

原料 ● READY

猪瘦肉250克，莴笋200克，红椒30克，花生米80克，干辣椒20克，姜片、蒜末、葱段各少许

调料

盐4克，鸡粉3克，料酒10毫升，水淀粉5毫升，辣椒油5毫升，食粉、食用油各适量

做法 ● HOW TO MAKE

1. 莴笋去皮切丁；红椒洗净切段；猪瘦肉洗净切丁，加食粉、盐、鸡粉、水淀粉、食用油腌渍入味。
2. 锅中注水烧开，加盐、食用油、莴笋丁，煮断生后捞出，倒入花生米，煮约1分钟，捞出沥干。
3. 花生米用油炸香，捞出沥干；瘦肉丁滑油至变色，捞出沥干；油锅爆香姜片、蒜末、葱段红椒、干辣椒。
4. 放入莴笋、瘦肉丁，炒匀，淋入辣椒油，放盐、鸡粉、料酒、水淀粉，炒匀，倒入花生米炒片刻即可。

 小·贴士

莴笋含有碳水化合物、膳食纤维、钙、磷、铁、胡萝卜素、维生素B_2、维生素C等营养成分，具有利五脏、通经脉、降血压、清胃热、利尿等功效。

青菜豆腐炒肉末

原料 • READY

豆腐300克，上海青100克，肉末50克，彩椒30克

调料

盐、鸡粉各2克，料酒、水淀粉、食用油各适量

做法 • HOW TO MAKE

1. 洗好的豆腐切成丁；洗净的彩椒切成块；洗好的上海青切小块，备用。
2. 锅中注水烧热，倒入豆腐，略煮一会儿，去除豆腥味，捞出。
3. 用油起锅，倒入肉末，炒至变色，倒入适量清水，加入料酒。
4. 倒入豆腐、上海青、彩椒，炒至食材熟透，加入盐、鸡粉，倒入少许水淀粉炒匀即可。

小·贴士

豆腐含有蛋白质、B族维生素、铁、钙、磷、镁等营养成分，具有补中益气、清热润燥、生津止渴、增强免疫力等功效。

西蓝花炒火腿

原料 ●READY

西蓝花150克，火腿肠1根，红椒20克，姜片、蒜末、葱段各少许

调料

料酒4毫升，盐2克，鸡粉2克，水淀粉3毫升，食用油适量

做法 ●HOW TO MAKE

1. 洗净的西蓝花切成小块；洗好的红椒斜切成小块；火腿肠去除外包装，切成片。
2. 锅中注水烧开，放入食用油，倒入西蓝花，煮1分钟，捞出。
3. 油锅爆香姜片、蒜末、葱段，放入红椒块、火腿肠，炒香，放入西蓝花，翻炒匀。
4. 淋入料酒，放入盐、鸡粉、水淀粉，炒匀即可。

小·贴士

西蓝花富含维生素C、维生素E，有很强的抗氧化作用，非常适合女性食用，能美白养颜、防衰老。

杏鲍菇炒火腿肠

原料 ● READY

杏鲍菇100克，火腿肠150克，红椒40克，姜片、葱段、蒜末各少许

调料

蚝油7克，盐2克，鸡粉2克，料酒5毫升，水淀粉4毫升，食用油适量

做法 ● HOW TO MAKE

1. 洗好的杏鲍菇切成薄片；火腿肠切成薄片；洗净的红椒切开，去籽，再切小段。
2. 锅中注水烧开，加入盐、鸡粉、食用油，倒入杏鲍菇，煮断生，捞出，沥干。
3. 油锅爆香蒜末、姜片，放入火腿肠炒匀，倒入杏鲍菇、红椒块，翻炒均匀。
4. 淋入料酒，加入鸡粉、盐、蚝油、水淀粉，翻炒均匀，放入葱段炒香即可。

小·贴士

杏鲍菇含有碳水化合物、蛋白质、维生素、钙、镁、铜、锌等营养物质，具有提高机体免疫力、降血脂、降胆固醇、促进胃肠消化等功效。

玉米腰果火腿丁

原料 • READY

鲜玉米粒120克，火腿80克，红椒20克，腰果15克，姜片、蒜末、葱段各少许

调料

盐、鸡粉各2克，料酒3毫升，水淀粉、食用油各适量

做法 • HOW TO MAKE

1. 将洗净的火腿切成丁；洗好的红椒切成丁；锅中注水烧开，放入盐、玉米粒，煮断生，捞出沥干。
2. 热锅注油，放入腰果，炸香脆，捞出沥干油，再放入火腿丁，炸至肉质脆嫩，捞出，沥干油。
3. 油锅爆香姜片、蒜末、葱段、红椒块，倒入玉米粒，翻炒匀，放入火腿丁，淋入料酒炒匀。
4. 加盐、鸡粉，倒入水淀粉，翻炒至全部食材入味，盛出，放在盘中，撒上炸熟的腰果即成。

小·贴士

玉米含有核黄素、胡萝卜素、膳食纤维、维生素E等营养素，具有保护视力、润肠通便、抗氧化、防衰老的功效。

香辣蹄花

 原料 ● READY

猪蹄块270克，芹菜75克，红小米椒20克，枸杞少许

调料

盐3克，鸡粉少许，料酒3毫升，生抽4毫升，芝麻油、花椒油、辣椒油各适量

 做法 ● HOW TO MAKE

1. 将洗净的芹菜切段，再焯水断生；洗好的红小米椒切成圈；猪蹄洗净，倒入沸水锅中，拌匀。

2. 淋入料酒，余约2分钟，捞出沥干；取小碗，倒入红小米椒，加盐、生抽、鸡粉、芝麻油、花椒油、辣椒油，制成味汁。

3. 砂锅中注水烧热，倒入猪蹄块，撒上姜片、葱段，放入备好的枸杞，煮熟后捞出，沥干，置凉开水中，静置片刻。

4. 将猪蹄块沥干水分后装入盘中，摆放好，撒上芹菜段，浇上味汁即可。

小贴士

芹菜含有胡萝卜素、膳食纤维、碳水化合物、维生素C、维生素P、钙、磷、铁等营养成分，具有镇静安神、利尿消肿、养血补虚等功效。

虫草花榛蘑猪骨汤

原料 ● READY

排骨230克，水发榛蘑35克，水发香菇25克，虫草花40克，枸杞10克，姜片少许

调料

盐、鸡粉、胡椒粉各2克

做法 ● HOW TO MAKE

1. 洗净的榛蘑撕去根部；锅中注水烧开，放入洗净的排骨，余煮片刻，盛出，沥干水分。
2. 砂锅中注水烧热，倒入排骨、榛蘑、香菇、虫草花、姜片、枸杞，拌匀。
3. 大火煮开后转小火煮1小时至有效成分析出。
4. 加入盐、鸡粉、胡椒粉，稍稍搅拌至入味即可。

小·贴士

排骨含有蛋白质、脂肪、维生素A、维生素B$_1$、维生素B$_2$以及多种矿物质，具有滋阴润燥、益精补血等作用。

豆瓣排骨

 ## 原料●READY

排骨段300克，芽菜100克，红椒20克，姜片、葱段、蒜末各少许

调料

豆瓣酱20克，料酒3毫升，生抽3毫升，鸡粉2克，盐2克，老抽2毫升，水淀粉、食用油各适量

做法●HOW TO MAKE

1. 洗净的红椒切圈；锅中注水烧开，倒入排骨，氽去血水，捞出，沥干水分。
2. 用油起锅，放入姜片、蒜末，爆香，加入豆瓣酱炒香，倒入排骨炒匀，加入芽菜炒匀。
3. 淋上料酒提香，注水，炒匀，放入生抽、鸡粉、盐、老抽，炒匀调味，焖至食材熟透。
4. 放入红椒圈、葱段，倒入适量水淀粉炒匀即可。

小·贴士

猪排骨含有蛋白质、维生素、磷酸钙、骨胶原、骨黏蛋白等营养成分，能为身体补充钙质，具有滋阴润燥、益精补血等功效。

排骨酱焖藕

 原料 • READY

排骨段350克，莲藕200克，红椒片、青椒片、洋葱片各30克，姜片、八角、桂皮各少许

调料

盐2克，鸡粉2克，老抽3毫升，生抽3毫升，料酒4毫升，水淀粉4毫升，食用油适量

 做法 • HOW TO MAKE

1. 将洗净去皮的莲藕切丁；锅中注水烧开，倒入排骨，余去血水，捞出，沥干。
2. 用油起锅，放入八角、桂皮、姜片、爆香，倒入排骨，翻炒匀，淋入料酒，加生抽，炒香。
3. 加适量清水，放入莲藕，放盐、老抽，大火煮沸，用小火焖35分钟。
4. 加入青椒、红椒和洋葱，炒匀，放鸡粉，大火收汁后用水淀粉勾芡即可。

小·贴士

排骨含有蛋白质、脂肪、维生素A、维生素E、维生素C及多种微量元素，具有滋阴壮阳、益精补血等作用。

玉米烧排骨

 原料 ●READY

玉米300克，红椒50克，
青椒40克，排骨500克，
姜片少许

调料

料酒8毫升，生抽5毫升，
盐3克，鸡粉2克，水淀粉4
毫升，食用油适量

 做法 ●HOW TO MAKE

1. 处理好的玉米切小块；洗净的红椒、青
   椒切段；锅中注水烧开，倒入排骨，氽
   去血水，捞出沥干。
2. 热锅注油烧热，倒入姜片，爆香，倒入
   排骨，淋入料酒、生抽，翻炒匀。
3. 注入清水，倒入玉米，加盐，翻炒片
   刻，煮开后转小火焖熟。
4. 倒入红椒、青椒，炒匀，加鸡粉，炒匀
   提鲜，倒入水淀粉，炒匀收汁即可。

小·贴士

玉米含有维生素E、维生素C、膳食纤维、
碳水化合物等成分，具有开胃消食、加速代
谢、增强免疫力等功效。

孜然卤香排骨

原料 ● READY

排骨段300克，芽菜100克，红椒20克，姜片、葱段、蒜末各少许

调料

豆瓣酱20克，料酒3毫升，生抽3毫升，鸡粉2克，盐2克，老抽2毫升，水淀粉、食用油各适量

做法 ● HOW TO MAKE

1. 洗净的红椒切圈；锅中注水烧开，倒入排骨，余去血水，捞出，沥干水分。
2. 用油起锅，放入姜片、蒜末，爆香，加入豆瓣酱炒香，倒入排骨炒匀，加入芽菜炒匀。
3. 淋上料酒提香，注水，炒匀，放入生抽、鸡粉、盐、老抽，炒匀调味，焖至食材熟透。
4. 放入红椒圈、葱段，倒入适量水淀粉炒匀即可。

小·贴士

猪排骨含有蛋白质、维生素、磷酸钙、骨胶原、骨黏蛋白等营养成分，能为身体补充钙质，具有滋阴润燥、益精补血等功效。

冬笋豆腐干炒猪皮

①

原料 • READY

熟猪皮120克，韭黄65克，冬笋90克，彩椒30克，圆椒30克，猪瘦肉60克，豆腐干150克，姜片少许

调料

盐3克，鸡粉2克，白糖3克，生抽4毫升，料酒8毫升，水淀粉6毫升，食用油适量

做法 • HOW TO MAKE

1. 洗净的圆椒、彩椒切小块；洗净的豆腐干切三角块；洗好去皮的冬笋切片；洗净的韭黄切段。

2. 洗好的猪瘦肉切片，加盐、生抽、料酒、水淀粉，腌渍入味；将熟猪皮去除油脂，切小块。

3. 锅中注水烧热，倒入冬笋，煮约5分钟，倒入豆腐干，加盐、食用油，倒入彩椒、圆椒，略煮片刻，捞出沥干。

4. 油锅爆香姜片，放入猪皮、猪瘦肉，淋入料酒，倒入焯过水的食材炒软，倒入韭黄，加盐、白糖、鸡粉、水淀粉，炒入味即可。

③

④

小·贴士

冬笋含有胡萝卜素、膳食纤维、维生素B_1、维生素B_2、钙、磷、铁等营养成分，具有增强免疫力、清热解毒、清肝明目、开胃健脾等功效。

芹菜炒猪皮

原料 ●READY

芹菜70克，红椒30克，猪皮110克，姜片、蒜末、葱段各少许

调料

豆瓣酱6克，盐4克，鸡粉2克，白糖3克，老抽2毫升，生抽3毫升，料酒4毫升，水淀粉、食用油各适量

做法 ● HOW TO MAKE

1. 将洗净的猪皮切成粗丝；洗好的芹菜切成小段；洗净的红椒切开，去籽，再切成粗丝。
2. 锅中注水烧开，倒入猪皮，放盐，煮沸，捞去浮沫，用中火煮至其熟透，捞出沥干。
3. 油锅爆香姜片、蒜末、葱段，倒入猪皮，翻炒匀，再淋入料酒，加入老抽、白糖、生抽，炒匀。
4. 倒入红椒、芹菜炒断生，注入清水，加入豆瓣酱、盐、鸡粉，炒入味，倒入水淀粉勾芡即成。

小·贴士

猪皮的蛋白质含量较多，而脂肪含量却相对较低，对筋腱、骨骼、毛发有重要的保健作用。对女性而言，猪皮还能减少色素的沉着，增强皮肤的弹性与光泽。

小炒猪皮

原料 ●READY

熟猪皮200克，青彩椒、红彩椒各30克，小米泡椒50克，葱段、姜丝各少许

调料

盐、鸡粉各1克，白糖3克，老抽2毫升，生抽、料酒各5毫升，食用油适量

做法 ●HOW TO MAKE

1. 猪皮切成粗丝；洗净的青彩椒、红彩椒去柄，去籽，切粗条，改切小段；泡椒对半切开。
2. 热锅注油，倒入姜丝，放入泡椒爆香，倒入猪皮，加入白糖，翻炒至猪皮微黄。
3. 加入生抽、料酒，翻炒均匀，放入青红彩椒，注入少许清水。
4. 加入适量盐、鸡粉、老抽，将食材炒匀，倒入葱段，淋入辣椒油，翻炒均匀至入味即可。

小·贴士

猪皮含有大量胶原蛋白、少量脂肪，具有滋润肌肤、抗衰美容、滋阴补虚、养血益气、强壮筋骨等功效。

洋葱猪皮烧海带

原料 ● READY

猪皮270克，海带结130克，彩椒35克，洋葱55克，姜片、葱段各少许

调料

盐2克，鸡粉2克，白糖3克，生抽4毫升，料酒4毫升，水淀粉4毫升，食用油适量

做法 ● HOW TO MAKE

1. 洗净的彩椒切块；洗净去皮的洋葱切片。
2. 锅中注水烧开，放入猪皮，淋入料酒，煮约10分钟，捞出放凉，切去油脂，切成小块。
3. 油锅爆香姜片、葱白，放入猪皮炒匀，注入清水，倒入海带结，炒匀，加生抽、盐、鸡粉、白糖炒匀，焖约5分钟。
4. 倒入洋葱、彩椒，炒软，撒上胡椒粉，倒入水淀粉，放入葱叶，炒匀即可。

小·贴士

海带含有蛋白质、膳食纤维、B族维生素、碘、钙等营养成分，具有消痰软坚、降血脂、降血糖、增强免疫力等功效。

猪头肉炒葫芦瓜

原料 ● READY

卤猪头肉200克，葫芦瓜
500克，红彩椒10克，
蒜末少许

调料

盐、鸡粉各1克，食用油
适量

做法 ● HOW TO MAKE

1. 洗好的葫芦瓜切开，去籽，切薄片。
2. 洗净的红彩椒切粗条；卤猪头肉切成厚片。
3. 用油起锅，倒入蒜末爆香，倒入猪头肉，炒匀，放入红彩椒，炒匀。
4. 倒入葫芦瓜，炒断生，加适量盐、鸡粉，炒匀至入味即可。

小·贴士

葫芦瓜含有膳食纤维、碳水化合物、维生素C、钙、磷、钠等多种营养物质，具有利水消肿、止渴除烦、提高人体免疫力等功效。

葱香猪耳朵

 原料 ● READY

卤猪耳丝150克，葱段25克，红椒片、姜片、蒜末各少许

调料

盐2克，鸡粉2克，料酒3毫升，生抽4毫升，老抽3毫升，
食用油适量

 做法 ● HOW TO MAKE

1.用油起锅，倒入猪耳丝，炒松散。
2.淋入料酒，炒香，放入生抽，炒匀，放入少许老抽，炒匀上色。
3.倒入红椒片、姜片、蒜末，炒匀，注入少许清水，炒至变软。
4.撒上葱段，炒出香味，加入适量盐、鸡粉，炒匀调味即可。

小·贴士

猪耳含有蛋白质、维生素B_1、维生素B_2、维生素E、钙、磷、铁等
营养成分，具有补虚损、健脾胃等功效。

酸豆角炒猪耳

 原料 ●READY

卤猪耳200克，酸豆角150克，朝天椒10克，蒜末、葱段各少许

调料

盐2克，鸡粉2克，生抽3毫升，老抽2毫升，水淀粉10毫升，食用油适量

 做法 ●HOW TO MAKE

1. 将酸豆角的两头切掉，再切长段；洗净的朝天椒切圈；把卤猪耳切片。
2. 锅中注水烧开，倒入酸豆角，煮1分钟，减轻其酸味，捞出，沥干水分。
3. 用油起锅，倒入猪耳炒匀，淋入生抽、老抽炒透，撒上蒜末、葱段、朝天椒，炒出香辣味。
4. 放入酸豆角，炒匀，加入盐、鸡粉，炒匀调味，倒入水淀粉勾芡即可。

小·贴士

豆角含有蛋白质、碳水化合物及多种维生素、矿物质，具有抑制胆碱酯酶活性、帮助消化、增进食欲等功效。

酸枣仁炒猪舌

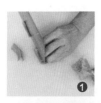

原料 ●READY

熟猪舌300克，竹笋220克，彩椒35克，姜片、葱段、酸枣仁各少许

调料

盐、鸡粉各2克，料酒10毫升，生抽4毫升，水淀粉、食用油各适量

做法 ●HOW TO MAKE

1. 洗净的彩椒切成块；洗好去皮的竹笋切片；将熟猪舌切成片。
2. 锅中注水烧开，放入竹笋、料酒、食用油、盐、彩椒，煮至食材断生，捞出。
3. 用油起锅，放入姜片，爆香，倒入葱段、酸枣仁，放入猪舌，炒匀。
4. 淋入料酒，加入生抽，炒匀，倒入焯过水的食材，炒匀，加盐、鸡粉、水淀粉，炒匀即可。

小贴士

竹笋含有碳水化合物、膳食纤维、胡萝卜素、B族维生素等营养成分，具有开胃消食、清热化痰、降血脂等功效。

彩椒炒猪腰

原料●READY

猪腰150克，彩椒110克，姜末、蒜末、葱段各少许

调料

盐5克，鸡粉3克，料酒15毫升，生粉10克，水淀粉5毫升，蚝油8克，食用油适量

做法●HOW TO MAKE

1. 洗净的彩椒切小块；洗好的猪腰切开，去筋膜，切上麦穗花刀，再切成片，加盐、鸡粉、料酒、生粉，腌渍10分钟。
2. 锅中注水烧开，放盐、食用油、彩椒，煮断生，捞出沥干；将猪腰倒入锅中，氽至变色，捞出沥干。
3. 油锅爆香姜末、蒜末、葱段，倒入猪腰炒匀，淋入料酒炒匀，放入彩椒，翻炒片刻。
4. 加盐、鸡粉、蚝油，炒入味，倒入水淀粉，炒至芡汁包裹食材即可。

小·贴士

猪腰含有蛋白质、脂肪、钙、磷、铁和维生素等，有健肾补腰、和肾理气的功效，适合肾虚、腰酸、遗精、盗汗者，以及肾虚耳聋、耳鸣的老年人食用。

木耳炒腰花

 原料 ●READY

猪腰200克，木耳100克，红椒20克，姜片、蒜末、葱段各少许

调料

盐3克，鸡粉2克，料酒5毫升，生抽、蚝油、水淀粉、食用油各适量

 做法 ●HOW TO MAKE

1. 将洗净的红椒切成块；洗好的木耳切小块；猪腰切开，去筋膜，切上麦穗花刀，改切成片。
2. 猪腰加盐、鸡粉、料酒、水淀粉，腌渍入味，余去血水后捞出；木耳焯水后捞出。
3. 油锅爆香姜片、蒜末、葱段，放入红椒、猪腰，炒匀，淋入料酒，放入木耳，炒匀。
4. 加生抽、蚝油、盐、鸡粉、水淀粉，炒匀即可。

 ·小·贴士

猪腰含有蛋白质、脂肪、钙、磷、铁、维生素等成分，有健肾补腰、和肾理气之功效，对肾虚腰痛、遗精盗汗、产后虚羸、身面浮肿等症有食疗作用。

山药肚片

原料 ●READY

山药300克，熟猪肚200克，青椒、红椒各40克，姜片、蒜末、葱段各少许

调料

盐、鸡粉各2克，料酒4毫升，生抽5毫升，水淀粉、食用油各适量

做法 ●HOW TO MAKE

1. 将洗净去皮的山药切成片；洗好的青椒、红椒切开，切成小块；把熟猪肚切成片。
2. 锅中注水烧开，加入少许食用油，放入山药片，倒入青椒、红椒，煮至食材八成熟后捞出，沥干水分。
3. 油锅爆香姜片、蒜末、葱段，倒入焯过水的食材，炒匀，放入猪肚，淋入料酒炒香。
4. 加入生抽、盐、鸡粉，炒匀调味，倒入水淀粉炒入味即成。

小·贴士

山药含有维生素及微量元素，能防止血脂在血管壁的沉积，预防心血管疾病，有益志安神、益气补血的功效。此外，山药还含有山药多糖，糖尿病患者常食，对降低血糖有一定的益处。

爆炒卤肥肠

 原料 ● READY

卤肥肠270克，红椒35克，青椒20克，蒜苗段45克，葱段、蒜片、姜片各少许

调料

盐、鸡粉各少许，料酒3毫升，生抽4毫升，水淀粉、芝麻油、食用油各适量

 做法 ● HOW TO MAKE

1. 将洗净的红椒、青椒切开，去籽，再切菱形片；备好的卤肥肠切小段。
2. 锅中注水烧开，倒入卤肥肠，汆煮一会儿，去除杂质后捞出，沥干水分。
3. 油锅爆香蒜片、姜片，倒入卤肥肠，炒匀，淋上料酒、生抽，放入青椒、红椒片，炒匀。
4. 注入清水，加盐、鸡粉调味，用水淀粉勾芡，放入洗净的蒜苗段、葱段，炒香，淋上芝麻油，炒入味即成。

 小·贴士

肥肠含有蛋白质、肝素、胰泌素、胆囊收缩素以及铁、锌、钙等营养元素，具有润肠润燥、止渴止血等功效。

干煸肥肠

原料 ● READY

熟肥肠200克，洋葱70克，干辣椒7克，花椒6克，蒜末、葱花各少许

调料

鸡粉2克，盐2克，辣椒油适量，生抽4毫升，食用油适量

做法 ● HOW TO MAKE

1. 将洗净的洋葱切成小块；把肥肠切成段。
2. 锅中注油烧热，倒入洋葱块，拌匀，捞出洋葱，沥干油，待用。
3. 油锅爆香蒜末、干辣椒、花椒，放入少许油，倒入肥肠炒匀，淋入生抽炒匀，放入洋葱块。
4. 加鸡粉、盐、辣椒油，拌匀，撒上葱花炒香即可。

小·贴士

肥肠含有蛋白质、B族维生素、锌、硒、铜、锰等营养成分，具有润肺燥、补虚、止渴止血等功效。

青豆烧肥肠

 原料 ● READY

熟肥肠250克，青豆200克，泡朝天椒40克，姜片、蒜末、葱段各少许

调料

豆瓣酱30克，盐2克，鸡粉2克，花椒油4毫升，料酒5毫升，生抽4毫升，食用油适量

 做法 ● HOW TO MAKE

1. 熟肥肠切成小段；将泡朝天椒切成圈。
2. 热锅注油烧热，倒入泡朝天椒、豆瓣酱，炒香，倒入备好的姜片、蒜末、葱段，翻炒片刻。
3. 倒入肥肠、青豆，翻炒片刻，淋入料酒、生抽，炒匀，注入清水，加盐调味，煮入味。
4. 加入少许鸡粉、花椒油，翻炒提鲜，再炒至食材入味即可。

 小贴士

青豆含有皂角苷、蛋白酶抑制剂、异黄酮、钼、硒等成分，具有补肝养胃、滋补强壮、增强免疫力等功效。

韭菜炒猪血

 原料 ● READY

韭菜150克，猪血200
克，彩椒70克，姜片、
蒜末各少许

调料

盐4克，鸡粉2克，沙茶
酱15克，水淀粉8毫升，
食用油适量

 做法 ● HOW TO MAKE

1. 洗净的韭菜切成段；洗好的彩椒切成
   粒；洗净的猪血切成小块。
2. 锅中注水烧开，放入少许盐，倒入猪血
   块，煮至五成熟，捞出，沥干水分。
3. 用油起锅，放入姜片、蒜末，加入彩
   椒，炒香，放入韭菜段，略炒片刻，加
   入沙茶酱炒匀。
4. 倒入猪血，加入清水炒匀，放入盐、鸡
   粉调味，淋入适量水淀粉炒匀即可。

小·贴士

韭菜含有维生素B₁、烟酸、维生素C、胡萝卜
素、硫化物及多种矿物质，具有补肾温阳、益
肝健胃、润肠通便、行气理血等功效。

肉末尖椒烩猪血

 原料 ●READY

猪血300克，青椒30克，红椒25克，肉末100克，姜片、葱花各少许

调料

盐2克，鸡粉3克，白糖4克，生抽、陈醋、水淀粉、胡椒粉、食用油各适量

 做法 ●HOW TO MAKE

1. 将洗净的红椒切成圈状；洗好的青椒切块；处理好的猪血横刀切粗条。
2. 锅中注水烧开，倒入猪血，加盐，余煮片刻，捞出，装入碗中备用。

3. 用油起锅，倒入肉末，炒至转色，加入姜片，倒入少许清水，放入青椒、红椒、猪血。
4. 加适量盐、生抽、陈醋、鸡粉、白糖，炖熟，再撒上胡椒粉炖入味，倒入水淀粉拌匀，盛出装盘，撒上葱花即可。

 小·贴士

猪血含有蛋白质、脂肪、维生素B$_1$、维生素B$_2$、维生素E、烟酸及钠、铁、钙等营养成分，具有益气补血、排除有害物质、止血化瘀等功效。

川辣红烧牛肉

原料 ●READY

卤牛肉200克，土豆100克，大葱30克，干辣椒10克，香叶4克，八角、蒜末、葱段、姜片各少许

调料

生抽5毫升，老抽2毫升，料酒4毫升，豆瓣酱10克，水淀粉、食用油各适量

做法 ●HOW TO MAKE

1. 将卤牛肉切成小块；洗净的大葱切段；洗好去皮的土豆切大块。
2. 用油起锅，倒入土豆，炸至金黄色，捞出沥干；油锅爆香干辣椒、香叶、八角、蒜末、姜片。
3. 放入卤牛肉，炒匀，加入料酒、豆瓣酱，炒香，放入生抽、老抽，炒匀上色，注水煮入味。
4. 倒入土豆、葱段，炒匀，续煮至食材熟透，拣出香叶、八角，倒入水淀粉勾芡即可。

小·贴士

土豆含有膳食纤维和多种氨基酸、矿物质、维生素等营养成分，具有和胃调中、健脾利湿、解毒消炎、宽肠通便、降糖降脂、活血消肿、益气强身等功效。

笋干烧牛肉

原料 ● READY

牛肉300克，水发笋干150克，蒜苗50克，干辣椒15克，姜片少许

调料

盐、鸡粉、白糖各2克，胡椒粉3克，料酒3毫升，生抽、水淀粉各5毫升，食用油适量

做法 ● HOW TO MAKE

1. 泡好的笋干切成块；洗净的蒜苗切成段；洗净的牛肉切成片。
2. 笋干汆煮去除异味，捞出；牛肉中加盐、鸡粉、料酒、胡椒粉、水淀粉，腌渍入味。
3. 起油锅，倒入牛肉，滑油2分钟，捞出；油锅爆香姜片、干辣椒，倒入笋干炒熟，放牛肉炒熟透。
4. 加入适量生抽、盐、鸡粉、白糖，倒入蒜苗，炒入味，用水淀粉勾芡，炒至收汁即可。

小·贴士

牛肉含有蛋白质、脂肪、钙、铁、锌等营养物质，具有补中益气、滋养脾胃、强健筋骨、提高免疫力等功效。

❯ 葱韭牛肉

 原料 ●READY

牛腱肉300克，南瓜220克，韭菜70克，小米椒15克，泡小米椒20克，姜片、葱段、蒜末各少许

调料

鸡粉2克，盐3克，豆瓣酱12克，料酒4毫升，生抽3毫升，老抽2毫升，五香粉适量，水淀粉、冰糖各适量

 做法 ●HOW TO MAKE

1. 锅中注水烧开，加老抽、鸡粉、盐、牛腱肉，撒上五香粉，煮熟软，取出放凉。
2. 将洗净的红小米椒切圈；把泡小米椒切碎；洗好的韭菜切段；洗净去皮的南瓜切小块。
3. 将牛腱肉切小块；油锅爆香蒜末、姜片、葱段，倒入小米椒、泡椒炒香，放入牛肉块炒匀。
4. 淋入料酒，加豆瓣酱、生抽、老抽、盐、南瓜块，炒软，加冰糖、清水、鸡粉，续煮入味，倒入韭菜段炒匀，用水淀粉勾芡即可。

小·贴士

牛腱肉含有蛋白质、维生素A、B族维生素、钙、磷、铁、钾、硒等营养成分，具有补中益气、滋养脾胃、强健筋骨、化痰息风、养肝明目、止渴止涎等功效。

五香酱牛肉

🌶 原料 ●READY

牛肉400克，花椒5克，茴香5克，香叶1克，桂皮2片，草果2个，八角2个，朝天椒5克，葱段20克，姜片少许，去壳熟鸡蛋2个

调料

老抽、料酒各5毫升，生抽30毫升

🍲 做法 ●HOW TO MAKE

1. 取一碗，倒入洗净的牛肉，放入花椒、茴香、香叶、桂皮、草果、八角、姜片、朝天椒，倒入料酒、老抽、生抽，充分拌匀。

2. 用保鲜膜密封碗口，放入冰箱保鲜24小时至入味；取出腌渍好的牛肉，与酱汁一同倒入砂锅。

3. 注入适量清水，放入葱段、鸡蛋，加盖，用大火煮开后转小火续煮1小时至牛肉熟软；取出酱牛肉及鸡蛋，与酱汁一同装碗。

4. 放凉后用保鲜膜密封碗口，放入冰箱冷藏12小时，取出，将鸡蛋对半切开、酱牛肉切片，装入盘中，浇上卤汁即可。

小·贴士

牛肉含有蛋白质、脂肪、钙、铁、多种氨基酸等营养成分，具有补中益气、滋养脾胃、强健筋骨、提高免疫力等功效。

香菇牛柳

→

 原料 • READY

芹菜40克，香菇30克，
牛肉200克，红椒少许

调料

盐2克，鸡粉2克，生抽8
毫升，水淀粉6毫升，蚝
油4克，料酒、食用油各
适量

 做法 • HOW TO MAKE

1. 洗净的香菇切片；洗好的芹菜切成段；洗
   净的牛肉切成片，再切成条。
2. 把牛肉条装入碗中，放盐、料酒、生抽、
   水淀粉、食用油，腌渍入味。
3. 锅中注水烧开，倒入香菇，略煮片刻，捞
   出；热锅注油，倒入牛肉，炒匀。
4. 放入香菇、红椒、芹菜，炒匀，加生抽、
   鸡粉、蚝油、水淀粉，炒入味即可。

小贴士

香菇含有蛋白质、B族维生素、叶酸、膳食
纤维、铁、钾等营养成分，具有增强免疫
力、保护肝脏、帮助消化等功效。

红薯炒牛肉

原料 ● READY

牛肉200克，红薯100克，青椒20克，红椒20克，姜片、蒜末、葱白各少许

调料

盐4克，食粉、鸡粉、味精各适量，生抽3毫升，料酒4毫升，水淀粉10毫升，食用油适量

做法 ● HOW TO MAKE

1. 把去皮洗净的红薯切成2厘米长的段，再切成片；洗净的红椒、青椒切成小块。
2. 把洗好的牛肉切片，加食粉、生抽、盐、味精、水淀粉、食用油，腌渍入味。
3. 红薯、青椒、红椒焯水约半分钟，捞出；将牛肉余约半分钟捞出；油锅爆香姜片、蒜末、葱白。
4. 倒入牛肉炒匀，淋入料酒，倒入红薯、青椒、红椒，炒匀，加生抽、盐、鸡粉、水淀粉，炒熟透即可。

小·贴士

红薯含有膳食纤维、胡萝卜素和多种维生素，营养价值很高，是营养最均衡的保健食品。红薯属碱性食品，常吃红薯有利于维持人体的酸碱平衡，同时还能降低血胆固醇，预防心脑血管疾病。

韭菜炒牛肉

 原料 • READY

牛肉200克，韭菜120克，彩椒35克，姜片、蒜末各少许

调料

盐3克，鸡粉2克，料酒4毫升，生抽5毫升，水淀粉、食用油各适量

 做法 • HOW TO MAKE

1. 将洗净的韭菜切成段；洗好的彩椒切粗丝；洗净的牛肉切片，再切成丝。
2. 把肉丝装入碗中，加料酒、盐、生抽、水淀粉、食用油，腌渍入味。
3. 用油起锅，倒入肉丝炒变色，放入姜片、蒜末，炒香，倒入韭菜、彩椒，翻炒至食材熟软。
4. 加入盐、鸡粉，淋入生抽，用中火炒匀，至食材入味即成。

小·贴士

韭菜含有核黄素、烟酸、维生素C、膳食纤维、维生素E、钙、镁、铁、锌、钾等营养成分，有温肾助阳、益脾健胃的作用。此外，韭菜还含有挥发性精油，有降低血糖值的作用。

韭菜黄豆炒牛肉

🌶️ **原料 ● READY**

韭菜150克，水发黄豆100克，牛肉300克，干辣椒少许

调料

盐3克，鸡粉2克，水淀粉4毫升，料酒8毫升，老抽3毫升，生抽5毫升，食用油适量

🍲 **做法 ● HOW TO MAKE**

1. 锅中注水烧开，倒入洗好的黄豆，煮断生，捞出；洗好的韭菜切成均匀的段。
2. 洗净的牛肉切成丝，加盐、水淀粉、料酒，搅匀，腌渍入味。
3. 热锅注油，倒入牛肉丝、干辣椒，炒至变色，淋入少许料酒，放入黄豆、韭菜。
4. 加盐、鸡粉、淋入老抽、生抽，翻炒均匀，至食材入味即可。

📌 **小·贴士**

韭菜含有维生素B$_1$、烟酸、维生素C、胡萝卜素、硫化物及多种矿物质，具有补肾温阳、开胃消食、行气理血等功效。

南瓜炒牛肉

 原料 ●READY

牛肉175克，南瓜150
克，青椒、红椒各少许

调料

盐3克，鸡粉2克，料酒
10毫升，生抽4毫升，水
淀粉、食用油各适量

 做法 ●HOW TO MAKE

1. 洗好去皮的南瓜切片；洗净的青椒、红
   椒切条形；洗净的牛肉切片。
2. 牛肉中加盐、料酒、生抽、水淀粉、食
   用油，腌渍入味。
3. 锅中注水烧开，倒入南瓜片，煮至断
   生，放入青椒、红椒，淋入食用油，
   捞出。
4. 起油锅，倒入牛肉，炒变色，淋入料
   酒，倒入焯过水的材料炒匀，加盐、鸡
   粉、水淀粉炒匀即可。

小·贴士

牛肉含有蛋白质、牛磺酸、维生素A、维生素
B_6、钙、磷、铁、钾、硒等营养成分，具有补
中益气、滋养脾胃、强健筋骨等功效。

双椒孜然爆牛肉

①

②

③

④

原料 ● READY

牛肉250克，青椒60克，红椒45克，姜片、蒜末、葱段各少许

调料

盐、鸡粉各3克，食粉、生抽、水淀粉、孜然粉、食用油各适量

做法 ● HOW TO MAKE

1. 将洗净的青椒、红椒切开，去籽，切小块；洗净的牛肉切成片。
2. 牛肉片中加盐、鸡粉、食粉、生抽、水淀粉、食用油，腌渍约10分钟。
3. 牛肉片滑油约半分钟至变色，捞出；锅底留油，倒入姜片、蒜末、葱段，爆香。
4. 放入青椒、红椒，炒匀，倒入牛肉，撒入孜然粉，放盐、鸡粉、生抽、水淀粉，炒匀即可。

小·贴士

牛肉含有蛋白质、牛磺酸、维生素B$_1$、维生素B$_6$、铁、钾、磷等营养成分，具有增强免疫力、益气补脾、降低血压等功效。

嫩姜菠萝炒牛肉

 原料 ●READY

嫩姜100克，菠萝肉100克，红椒15克，牛肉180克，蒜末、葱段各少许

调料

盐3克，鸡粉、食粉、鸡粉各少许，番茄汁15毫升，料酒、水淀粉、食用油各适量

 做法 ●HOW TO MAKE

1. 将洗净的嫩姜切片；洗好的红椒切小块；菠萝肉切小块；洗净的牛肉切片。
2. 姜片加盐腌渍5分钟；牛肉片中加食粉、盐、鸡粉、水淀粉、食用油，腌渍入味。
3. 锅中注水烧开，倒入姜片、菠萝、红椒，焯煮半分钟，捞出；油锅爆香蒜末，倒入牛肉片炒转色。
4. 淋入料酒炒香，放入焯好的材料炒匀，加入番茄汁、水淀粉炒匀，盛出装盘，放入葱段即可。

小·贴士

菠萝含有蛋白质、蔗糖、胡萝卜素、膳食纤维、维生素等成分，有解暑止渴、消食止泻的功效。牛肉含有维生素B_6，可增强免疫力。

干煸芋头牛肉丝

 原料 ●READY

牛肉270克，鸡腿菇45克，芋头70克，青椒15克，红椒10克，姜丝、蒜片各少许

调料

盐3克，白糖、食粉各少许，料酒4毫升，生抽6毫升，食用油适量

 做法 ●HOW TO MAKE

1. 将去皮洗净的芋头切丝，入油锅炸成金黄色；洗好的鸡腿菇切粗丝，油炸片刻。
2. 洗净的红椒、青椒切丝；洗净的牛肉切丝，加姜丝、料酒、盐、食粉、生抽，腌渍约15分钟。
3. 起油锅，撒上姜丝，放入蒜片，爆香，倒入肉丝，炒转色，倒入红椒丝、青椒丝，炒透。
4. 放入芋头丝和鸡腿菇，炒散，加盐、生抽、白糖，炒熟透即可。

小·贴士

牛肉含有蛋白质、胡萝卜素、视黄醇、核黄素、烟酸以及钙、磷、镁、钾等营养元素，具有补充体力、益气血、强筋骨、消水肿等功效。

66

黑椒葱香牛肉片

❶

❷

❸

❹

原料●READY

牛肉200克，洋葱80克，彩椒80克，圆椒40克，姜片少许

调料

黑胡椒10克，盐3克，食粉2克，料酒5毫升，水淀粉4毫升，白糖2克，生抽5毫升，蚝油3克，食用油适量

做法●HOW TO MAKE

1. 处理干净的牛肉切成厚薄均匀的片；洗净的彩椒、圆椒切成块；处理好的洋葱切成块。
2. 牛肉中加料酒、盐、食粉、水淀粉、食用油，腌渍10分钟。
3. 热锅注油烧热，倒入牛肉，炒至转色，倒入姜片炒香，放入黑胡椒、蚝油，翻炒均匀。
4. 倒入洋葱、圆椒、彩椒，炒匀，加生抽、盐、白糖，炒匀调味即可。

小·贴士

牛肉含有蛋白质、脂肪、B族维生素、磷、钙、铁、胆甾醇等成分，具有益气补血、强筋健骨、健脾养胃等功效。

黑椒苹果牛肉粒

原料 ●READY

苹果120克，牛肉100克，芥蓝梗45克，洋葱30克，黑胡椒粒4克，姜片、蒜末、葱段各少许

调料

盐3克，鸡粉、食粉各少许，老抽2毫升，料酒、生抽各3毫升，水淀粉、食用油各适量

做法 ●HOW TO MAKE

1. 将洗净去皮的洋葱切丁；洗好的芥蓝梗切段；洗净去皮的苹果切开，去除果核，再切小块。
2. 洗好的牛肉切丁，加盐、鸡粉、生抽、食粉、水淀粉、食用油，腌渍入味；芥蓝梗、苹果丁焯水后捞出。
3. 牛肉丁氽煮断生；油锅爆香姜片、蒜末、葱段、黑胡椒粒，倒入洋葱丁炒软，倒入牛肉丁。
4. 加料酒、生抽、老抽炒上色，倒入焯煮过的食材炒熟软，加盐、鸡粉、水淀粉炒匀即成。

小·贴士

苹果含有多种维生素、矿物质及胡萝卜素等，不仅营养比较全面，而且容易消化吸收。因此，苹果是绝佳的补充儿童身体成长所需营养的食品。

黑蒜牛肉粒

 原料 ● READY

软黑金富硒黑蒜80克，
牛里脊150克，豆豉30
克，蒜头30克

调料

盐2克，鸡粉2克，白糖2
克，料酒10毫升，食粉
2克，胡椒粉2克，生抽5
毫升，水淀粉4毫升，食
用油适量

 做法 ● HOW TO MAKE

1. 洗净的蒜头切去根部，对半切开；豆豉切碎；黑蒜对半切开。
2. 牛肉切粒，加盐、料酒、胡椒粉、食粉、水淀粉、食用油，腌渍10分钟，入沸水锅中汆煮片刻，捞出。
3. 热锅注油烧热，倒入蒜头、豆豉，翻炒爆香，倒入牛肉，淋上适量料酒、生抽，注入清水。
4. 加盐、鸡粉、白糖，搅匀调味，放入黑蒜，倒入水淀粉，炒匀即可。

小·贴士

黑蒜含有多酚、蛋白质、酶类、苷类、维生素等成分，具有抗菌消炎、增强免疫力、促进食欲等功效。

茶树菇蒸牛肉

 原料 ●READY

水发茶树菇250克，牛肉330克，姜末、蒜末各少许

调料

蚝油8克，盐2克，料酒4毫升，水淀粉4毫升，胡椒粉2克，食用油适量

 做法 ●HOW TO MAKE

1.泡发好的茶树菇切去根部；洗净的牛肉切片。

2.牛肉中加料酒、姜末、胡椒粉、蚝油、水淀粉、盐、食用油，腌渍10分钟。

3.锅中注入水烧开，倒入茶树菇，氽煮去杂质，捞出；取一个蒸碗，摆放上茶树菇，倒入牛肉。

4.将蒜末撒在牛肉上，大火蒸25分钟至熟透，将菜肴取出即可。

 小·贴士

茶树菇含有谷氨酸、天门冬氨酸、异亮氨酸、甘氨酸等成分，具有健脾止泻、延缓衰老、增强免疫力等功效。

粉蒸牛肉

①

②

③

④

原料 ● READY

牛肉300克，蒸肉米粉100克，蒜末、红椒、葱花各少许

调料

料酒5毫升，生抽4毫升，蚝油4克，水淀粉5毫升，食用油适量

做法 ● HOW TO MAKE

1. 处理好的牛肉切成片，加盐、鸡粉、料酒、生抽、蚝油、水淀粉，搅拌匀。
2. 加入蒸肉米粉，搅拌片刻，取一个蒸盘，将拌好的牛肉装入盘中。
3. 蒸锅上火烧开，放入牛肉，大火蒸20分钟至熟透，取出，装入另一盘中，放上蒜苗、红椒、葱花。
4. 锅中注入食用油，烧至六成热，浇在牛肉上即可。

小·贴士

牛肉含有蛋白质、脂肪、B族维生素、磷、钙、铁等成分，具有益气补血、增强免疫力、促进食欲等功效。

牛肉煲芋头

◀

原料 ● READY

牛肉300克，芋头300克，花椒、桂皮、八角、香叶、姜片、蒜末、葱花各少许

调料

盐2克，鸡粉2克，料酒10毫升，豆瓣酱10克，生抽4毫升，水淀粉10毫升，食用油适量

做法 ● HOW TO MAKE

1. 洗净去皮的芋头切块；洗好的牛肉切丁；锅中注水烧开，倒入牛肉丁，汆去血水，捞出。

2. 油锅爆香花椒、桂皮、八角、香叶、姜片、蒜末，倒入牛肉丁炒匀，淋入料酒提鲜。

3. 放入豆瓣酱、生抽、盐、鸡粉炒匀，倒入清水煮沸，焖至食材熟软，放入芋头，搅拌均匀。

4. 用小火焖至其熟透，倒入水淀粉勾芡，将焖好的食材盛入砂煲中，加热片刻，撒上葱花即可。

小·贴士

牛肉含有蛋白质、脂肪、维生素A、B族维生素、钙、磷、铁、钾、硒等营养成分，具有补中益气、滋养脾胃、强健筋骨、化痰息风、养肝明目、止渴止涎等功效。

魔芋烧牛舌

 原料 ●READY

卤牛舌300克，魔芋豆腐350克，泡椒25克，姜片、蒜末、葱段各少许

调料

盐3克，鸡粉2克，料酒4毫升，辣椒酱10克，豆瓣酱5克，生抽3毫升，水淀粉、食用油各适量

 做法 ●HOW TO MAKE

1. 洗好的魔芋豆腐切块；将卤牛舌切成薄片；泡椒去蒂，对半切开。
2. 锅中注水烧开，加盐，倒入魔芋豆腐，煮断生，捞出材料，沥干水分，待用。
3. 油锅爆香蒜末、姜片、泡椒，倒入卤牛舌，炒匀，淋入适量料酒，倒入魔芋豆腐、辣椒酱。
4. 注入清水，加盐、鸡粉、豆瓣酱、生抽，炒匀煮熟，倒入水淀粉炒匀即可。

小·贴士

魔芋豆腐含有淀粉、蛋白质及多种维生素、矿物质，具有降血糖、降血压、排毒养颜等功效。

蒜薹炒牛舌

原料 ● READY

蒜薹200克，青椒25克，红椒15克，卤牛舌230克，干辣椒、姜片、蒜末、葱段各少许

调料

盐2克，料酒4毫升，生抽3毫升，鸡粉2克，水淀粉10毫升，食用油适量

做法 ● HOW TO MAKE

1. 洗好的蒜薹切长段；洗净的青椒、红椒切开，去籽，再切小块；卤牛舌切薄片。
2. 锅中注水烧开，加盐、食用油，倒入蒜薹、青椒、红椒，煮约半分钟，捞出。
3. 油锅爆香姜片、蒜末、葱段、干辣椒，倒入牛舌，炒香，放焯过水的材料炒透。
4. 淋入料酒、生抽，加入盐、鸡粉，炒至食材入味，用水淀粉勾芡即成。

小·贴士

蒜薹含有膳食纤维、维生素C、维生素E、钙、磷、钾、镁、铁、锌等营养成分，具有温中下气、补虚、调和脏腑、活血等功效。

红烧羊肚

原料 ● READY

熟羊肚200克，竹笋100克，水发香菇10克，青椒、红椒、姜片、葱段各少许

调料

盐2克，鸡粉3克，料酒5毫升，生抽、水淀粉、食用油各适量

做法 ● HOW TO MAKE

1. 洗净的青椒、红椒切成小块；洗净的香菇切去蒂部，再切成小块；洗好去皮的竹笋切片。
2. 将熟羊肚切成块；锅中注水烧开，倒入笋片，略煮一会儿，捞出。
3. 用油起锅，放入姜片、葱段，倒入青椒、红椒、香菇，炒匀，倒入竹笋、羊肚，翻炒匀。
4. 淋入料酒，炒匀，加入盐、鸡粉、生抽，拌匀，倒入水淀粉，炒匀即可。

小·贴士

羊肚含有蛋白质、维生素E、钙、磷、镁等营养成分，具有益气补血、健脾养胃、增强免疫力等功效。

土豆炖羊肚

原料 ● READY

羊肚500克，土豆300克，红椒15克，桂皮、八角、花椒、葱段、姜片各少许

调料

盐2克，鸡粉3克，水淀粉、生抽、蚝油、料酒各适量

做法 ● HOW TO MAKE

1. 锅中注水烧开，放入羊肚，淋入料酒，略煮一会儿，捞出。
2. 另起锅，注入清水，放入羊肚，加入葱段、八角、桂皮，淋入料酒，余去异味，捞出放凉，切成小块。
3. 洗净的红椒切小块；洗好去皮的土豆切滚刀块；油锅爆香姜片、葱段，放入羊肚、花椒，炒匀。
4. 淋入料酒，注入清水，加生抽、盐、蚝油、土豆，炖熟，倒入红椒，加入鸡粉、水淀粉、葱段，炒匀即可。

小贴士

羊肚含有蛋白质、烟酸、钙、磷、镁等营养成分，具有益气补血、健脾养胃、增强免疫力等功效。

孜然羊肚

原料 ● READY

熟羊肚200克，青椒25克，红椒25克，姜片、蒜末、葱段各少许

调料

孜然2克，盐2克，生抽5毫升，料酒10毫升，食用油适量

做法 ● HOW TO MAKE

1. 将羊肚切成条状；洗好的红椒、青椒切开，去籽，再切成丝，改切成粒。
2. 锅中注水烧开，倒入羊肚，煮半分钟，余去杂质，捞出，沥干水分。
3. 油锅爆香姜片、蒜末、葱段，放入青椒、红椒，翻炒均匀，倒入羊肚，翻炒片刻。
4. 淋入料酒，炒匀，放入盐、生抽，翻炒匀，加入少许孜然粒，炒出香味即可。

小·贴士

羊肚含有蛋白质、脂肪、钙、磷、铁、维生素B_1、维生素B_2、烟酸等营养成分，具有补虚、健脾胃、增强免疫力等功效。

韭菜炒羊肝 <

🌶️ 原料 ● READY

韭菜120克，姜片20克，羊肝250克，红椒45克

调料

盐3克，鸡粉3克，生粉5克，料酒16毫升，生抽4毫升

🍲 做法 ● HOW TO MAKE

1. 洗好的韭菜切段；洗净的红椒切成条；处理干净的羊肝切成片。
2. 羊肝中加姜片、料酒、盐、鸡粉、生粉，腌渍入味，入沸水锅，汆去血水，捞出。
3. 用油起锅，倒入羊肝略炒，淋入料酒，加入生抽，翻炒均匀。
4. 倒入韭菜、红椒，加入适量盐、鸡粉，炒至食材熟透即可。

小·贴士

羊肝含有的维生素B_2是人体新陈代谢时许多酶和辅酶的组成部分，能促进机体的代谢。此外，羊肝含铁量丰富，有补血益气、增强免疫力、强身健体的作用。

Part 3

禽蛋篇

　　禽蛋包括鸡肉、鸭肉、鹅肉、鸽肉、鸡蛋、鸭蛋、鸽蛋、鹌鹑蛋等。禽肉的蛋白质含量较高，富含人体必需的各种氨基酸，易于被人体吸收；而蛋类则含有丰富的蛋白质和卵磷脂，是食物中最理想的优质蛋白质来源。

花椒鸡

原料 • READY

鸡肉块300克，花椒10克，洋葱90克，青椒50克，姜片、葱段各少许

调料

盐2克，鸡粉3克，料酒8毫升，生抽4毫升，老抽2毫升，水淀粉3毫升，食用油适量

做法 • HOW TO MAKE

1. 将洗净的洋葱切小块；洗净的青椒切开，去籽，切小块。
2. 锅中注水烧开，倒入鸡肉块，余去血水，捞出，沥干水分，待用。
3. 油锅爆香花椒、姜片、葱段，倒入鸡肉块，放入料酒、生抽、老抽，炒匀。
4. 加清水焖10分钟，放入洋葱、青椒炒匀，放盐、鸡粉调味，加水淀粉勾芡即可。

小·贴士

鸡肉含有蛋白质、脂肪、硫胺素、核黄素、尼克酸、钙、磷、铁等多种成分，具有温中益气、补肾填精等作用。

辣酱鸡

 ## 原料 ● READY

鸡腿200克，洋葱50克，红甜椒10克，黄油15克，奶油15克，辣椒粉10克，鸡汤200毫升

调料

盐3克，鸡粉2克，料酒、胡椒粉各适量

 ## 做法 ● HOW TO MAKE

1. 取一盘，放入鸡腿，加盐、料酒，腌渍15分钟；洗净的洋葱切片；洗好的红椒切片。
2. 热锅中倒入黄油，使其溶化，放入鸡腿，炸至两面呈金黄色，装盘。
3. 用油起锅，倒入洋葱，炒香，加入红椒、辣椒粉、胡椒粉，炒匀，放入鸡腿，倒入鸡汤。
4. 加入盐，拌匀，小火焖20分钟至熟，关火后倒入奶油，搅拌均匀即可。

小·贴士

鸡腿肉含有蛋白质、不饱和脂肪酸、维生素D、维生素K、磷、铁、铜、锌等营养成分，具有增强免疫力、健脾胃、活血脉、强筋骨等功效。

李子果香鸡

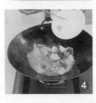

🌶 原料 ● READY

鸡肉块400克，李子160克，土豆180克，洋葱40克，红椒片15克，八角、姜片各少许

调料

盐2克，生抽4毫升，料酒、食用油各少许

🍲 做法 ● HOW TO MAKE

1. 洗净去皮的土豆切滚刀块；洗好的洋葱切成片。
2. 锅中注水烧开，倒入鸡肉块，汆去血渍，捞出，沥干水分，待用。
3. 油锅爆香八角、姜片，倒入鸡肉，淋入料酒、生抽，炒匀，注入清水，放入李子煮沸，撇去浮沫。
4. 加盐拌匀，放入土豆，用小火焖约20分钟，倒入红椒片、洋葱，用大火炒至熟软即可。

🚩 小·贴士

土豆含有蛋白质、纤维素、维生素B_1、维生素B_2、维生素B_6、泛酸及多种矿物质，具有延缓衰老、健脾和胃、益气调中等功效。

麻辣怪味鸡

 原料 ● READY

鸡肉300克，红椒20克，蒜末、葱花各少许

调料

盐2克，鸡粉2克，生抽5毫升，辣椒油10毫升，料酒、生粉、花椒粉、辣椒粉、食用油各适量

 做法 ● HOW TO MAKE

1. 将洗净的红椒切成小块；洗好的鸡肉斩成小块。
2. 鸡块中加生抽、盐、鸡粉、料酒、生粉，拌匀，腌渍入味，入油锅稍炒后捞出。
3. 锅底留油烧热，撒上蒜末，炒香，放入红椒块、鸡肉块，炒匀。
4. 倒入花椒粉、辣椒粉、葱花，炒匀，加盐、鸡粉、辣椒油，炒匀即可。

小贴士

鸡肉含有对人体生长发育有重要作用的磷脂类、矿物质及多种维生素，具有增强免疫力、强壮身体、温中益气、补虚填精等功效。

蜀香鸡

①

②

③

④

原料 ● READY

鸡翅根350克，鸡蛋1个，青椒15克，干辣椒5克，花椒3克，蒜末、葱花各少许

调料

盐、鸡粉各2克，豆瓣酱8克，辣椒酱12克，料酒4毫升，生抽5毫升，生粉、食用油各适量

做法 ● HOW TO MAKE

1. 将洗净的青椒切圈；洗好的鸡翅根斩成小块；鸡蛋打入碗中，制成蛋液。
2. 鸡块中加蛋液、盐、鸡粉、生粉，拌匀挂浆，腌渍入味，再用油炸至金黄色，捞出。
3. 油锅爆香蒜末、干辣椒、花椒，倒入青椒圈，放入鸡块，翻炒匀。
4. 淋上少许料酒，加入豆瓣酱、生抽、辣椒酱调味，撒上葱花，炒出葱香味即成。

小·贴士

鸡蛋含有丰富的卵磷脂、固醇类、蛋黄素、维生素及钙、磷、铁等营养成分，人体的消化吸收率高，对增进神经系统的功能大有裨益，是较好的健脑食品。

84

蒜子陈皮鸡

 原料 ●READY

鸡腿250克，彩椒120克，鸡腿菇50克，水发陈皮6克，蒜头30克，姜片、葱段各少许

调料

生抽12毫升，盐4克，鸡粉4克，水淀粉8毫升，料酒10毫升，食用油适量

 做法 ●HOW TO MAKE

1. 洗净的鸡腿菇切小块；洗好的彩椒切小块；鸡腿切小块，加生抽、盐、鸡粉、料酒、水淀粉，抓匀上浆。
2. 锅中注水烧开，倒入食用油、盐、鸡腿菇，略煮；倒入彩椒煮断生，捞出。
3. 将蒜头油炸至微黄色，捞出；将鸡块油炸至变色，捞出；油锅爆香姜片、葱段。
4. 放入陈皮、蒜头、鸡块，炒匀，淋入料酒，倒入鸡腿菇、彩椒，加盐、鸡粉、生抽、水淀粉炒入味即可。

小·贴士

陈皮含有挥发油、橙皮苷、川陈皮素、柠檬烯、肌醇等成分，具有理气健脾、燥湿化痰等功效，适用于胸脘胀满、食少吐泻、咳嗽多痰等症。

茶树菇腐竹炖鸡肉

🌶 原料 ●READY

光鸡400克，茶树菇100克，腐竹60克，姜片、蒜末、葱段各少许

调料

豆瓣酱6克，盐3克，鸡粉2克，料酒、生抽各5毫升，水淀粉、食用油各适量

🍲 做法 ●HOW TO MAKE

1. 将光鸡斩成小块；洗净的茶树菇切成段；锅中注水烧热，倒入鸡块，煮片刻捞出。

2. 起油锅，倒入腐竹，炸至虎皮状，捞出浸水中，泡软后待用；油锅爆香姜片、蒜末、葱段。

3. 倒入鸡块炒断生，淋入料酒炒香，放入生抽、豆瓣酱，翻炒几下，加盐、鸡粉，炒匀调味。

4. 注入清水，倒入腐竹炒匀，煮熟透，倒入茶树菇，续煮约1分钟，倒入水淀粉勾芡即成。

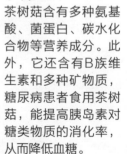

小·贴士

茶树菇含有多种氨基酸、菌蛋白、碳水化合物等营养成分。此外，它还含有B族维生素和多种矿物质，糖尿病患者食用茶树菇，能提高胰岛素对糖类物质的消化率，从而降低血糖。

辣炒乌鸡

 原料 ● READY

乌鸡500克，青椒50克，红椒70克，洋葱150克，姜片少许

调料

鸡粉2克，料酒5毫升，生抽3毫升，豆瓣酱10克，白糖2克，水淀粉4毫升，食用油适量

 做法 ● HOW TO MAKE

1. 处理好的洋葱切块；洗净的红椒、青椒去籽，切块。
2. 锅中注水烧开，倒入乌鸡块，去除血水，捞出；热锅注油烧热，倒入姜片、豆瓣酱，爆香。
3. 倒入洋葱、鸡块，翻炒片刻，淋入料酒、生抽，注入清水，搅匀。
4. 加入鸡粉、白糖调味，倒入红椒、青椒，翻炒匀，倒入水淀粉，搅匀收汁即可。

小·贴士

乌鸡含有蛋白质、氨基酸、烟酸、维生素E、磷、铁、钾等成分，具有滋补身体、增强免疫力、益气补血等功效。

麻辣干炒鸡

 原料 • READY

鸡腿300克，干辣椒10克，花椒7克，葱段、姜片、蒜末各少许

调料

盐2克，鸡粉1克，生粉6克，料酒4毫升，生抽5毫升，辣椒油6毫升，花椒油5毫升，五香粉2克，食用油适量

 做法 • HOW TO MAKE

1. 将洗净的鸡腿斩成小件，加盐、鸡粉、生抽、生粉、食用油，腌渍10分钟。
2. 锅中注油烧热，倒入鸡块，拌匀，捞出炸好的鸡块，沥干油，待用。
3. 锅底留油烧热，放入葱段、姜片、蒜末、干辣椒、花椒，爆香，倒入鸡块，炒匀。
4. 淋入料酒、生抽炒匀，加入盐、鸡粉调味，倒入辣椒油、花椒油，撒上五香粉，翻炒片刻即可。

小·贴士

鸡腿肉的蛋白质含量较高，而且消化率高，很容易被人体吸收利用，具有增强免疫力、温中益气、强壮身体、健脾胃等作用。

腊鸡炖莴笋

 原料 ● READY

腊鸡块130克，去皮莴笋90克，花椒粒10克，姜片、蒜片、葱段各少许

调料

料酒、生抽各5毫升，盐、鸡粉各2克，胡椒粉3克，食用油适量

 做法 ● HOW TO MAKE

1. 洗净的莴笋切滚刀块；用油起锅，放入花椒粒、姜片、蒜片、葱段，爆香。
2. 倒入腊鸡块，炒匀，加入料酒、生抽，注入清水，拌匀，大火炖约15分钟至腊鸡块变软。
3. 倒入莴笋块拌匀，续炖10分钟至食材熟透。
4. 加入盐、鸡粉、胡椒粉，炒入味即可。

小·贴士

莴笋含有维生素A、胡萝卜素、钾、磷、钠、钙、纤维素等营养成分，具有增强免疫力、清热利尿、宽肠通便等功效。

香菇炖腊鸡

原料 ● READY

香菇65克，腊鸡块170克，姜片、蒜片、花椒各少许

调料

盐、鸡粉各1克，生抽、料酒各5毫升，食用油适量

做法 ● HOW TO MAKE

1. 洗净的香菇切小块；沸水锅中倒入香菇，汆煮断生，捞出，沥干水分。
2. 用油起锅，倒入姜片、蒜片、花椒，爆香，倒入腊鸡块炒匀，加入料酒、生抽。
3. 注入适量清水，倒入香菇，炒拌均匀，用大火煮开后，转小火炖30分钟至熟软入味。
4. 加入盐、鸡粉，炒匀调味，盛出炖好的菜肴，装碗即可。

小·贴士

腊鸡含有蛋白质、维生素E、B族维生素、钙、铁等成分，具有改善食欲、开胃助食、补虚等作用。

榛蘑辣爆鸡

 原料 ● READY

鸡块235克，水发榛蘑35克，八角2个，花椒10克，桂皮5片，干辣椒10克，姜片少许

调料

盐、鸡粉各2克，白糖3克，料酒、生抽、老抽、辣椒油、花椒油各5毫升，水淀粉、食用油各适量

 做法 ● HOW TO MAKE

1. 锅中注水烧开，放入洗净的鸡块，汆煮片刻，盛出。
2. 油锅爆香八角、花椒、桂皮、姜片、干辣椒，倒入鸡块，加入料酒、生抽、老抽，炒匀。
3. 放入洗净的榛蘑，炒匀，注入清水，加盐，大火煮开后转小火煮30分钟至食材熟透。
4. 加鸡粉、白糖、水淀粉、辣椒油、花椒油，拌入味即可。

1

2

3

4

小·贴士

榛蘑含有蛋白质、碳水化合物、胡萝卜素、膳食纤维、钾、磷、镁、铁、锌等营养成分，具有益气补血、延缓衰老、促进消化等功效。

西红柿炒鸡肉

 原料 • READY

鸡胸肉145克，苹果50克，西红柿130克，蒜末、葱花各少许

调料

盐4克，白糖5克，黑胡椒粉2克，料酒10毫升，生粉20克，水淀粉5毫升，橄榄油15毫升，番茄酱适量

做法 • HOW TO MAKE

1. 洗净的鸡胸肉拍出条形纹路，加盐、黑胡椒粉、生粉，涂抹均匀，腌渍入味。
2. 洗净的苹果去皮，切小块；洗好的西红柿切瓣，去皮，切小块。
3. 锅置火上，倒入橄榄油烧热，放入鸡胸肉，煎至两面微黄，取出，切粗条；锅中注入橄榄油，倒入蒜末爆香，放入鸡肉条炒匀。
4. 加料酒，注入清水，倒入苹果、番茄酱、西红柿，加白糖、盐、水淀粉炒匀，盛出撒上葱花即可。

❶

❷

❸

❹

小·贴士

鸡肉含有蛋白质、卵磷脂、维生素E、钙、铁等营养成分，具有温中益气、补虚填精、健脾胃、活血脉、强筋骨等功效。

白果鸡丁

🌶 原料 ● READY

鸡胸肉300克，彩椒60克，白果120克，姜片、葱段各少许

调料

盐适量，鸡粉2克，水淀粉8毫升，生抽、料酒、食用油各少许

🍲 做法 ● HOW TO MAKE

1. 洗净的彩椒切小块；洗好的鸡胸肉切成丁，加盐、鸡粉、水淀粉、食用油，腌渍入味。
2. 锅中注水烧开，加入盐、食用油、白果，煮半分钟，加入彩椒块，再煮半分钟，捞出。
3. 起油锅，倒入鸡肉丁炸至变色，捞出；锅底留油，放入姜片、葱段，爆香。
4. 倒入白果、彩椒、鸡肉丁，淋入料酒，炒匀，加盐、鸡粉、生抽、水淀粉，炒匀即可。

小·贴士

白果含有白果醇、白果酸，具有杀菌、化痰、止咳、补肺、通经、利尿等功效。

鸡丁萝卜干

 原料 ● READY

鸡胸肉150克，萝卜干160克，红椒片30克，姜片、蒜末、葱段各少许

调料

盐3克，鸡粉2克，料酒5毫升，水淀粉、食用油各适量

 做法 ● HOW TO MAKE

1. 将洗好的萝卜干切成丁；洗净的鸡胸肉切成丁，加盐、鸡粉、水淀粉、食用油，腌渍入味。
2. 锅中注水烧开，倒入萝卜丁，焯煮约2分钟，捞出；油锅爆香姜片、蒜末、葱段。
3. 倒入鸡肉丁，翻炒片刻至其转色，再加入料酒，炒香、炒透。
4. 放入萝卜丁，倒入红椒片，翻炒片刻至全部食材熟透，加盐、鸡粉，炒匀调味即成。

小·贴士

鸡胸肉含有较多的蛋白质、磷脂类、矿物质及维生素，而且很容易被人体吸收利用，对人体生长发育有重要作用。儿童食用鸡胸肉，能增强体力、强壮身体。

酱爆鸡丁

 原料 ● READY

鸡脯肉350克，黄瓜150克，彩椒50克，姜末10克，蛋清20克

调料

老抽5毫升，黄豆酱10克，水淀粉5毫升，生粉3克，白糖2克，鸡粉2克，料酒5毫升，盐、食用油各适量

做法 ● HOW TO MAKE

1. 洗净的黄瓜切条去瓤，切成丁；洗净的彩椒去籽，切块；处理好的鸡肉切丁。
2. 鸡肉中加盐、料酒、蛋清、鸡粉、食用油，腌渍入味；起油锅，倒入鸡肉，搅匀，倒入黄瓜、彩椒，滑油后捞出。
3. 锅底留油烧热，倒入姜末，炒香，放入黄豆酱，炒匀，注入清水，加入白糖、鸡粉，搅匀。
4. 倒入鸡丁、黄瓜、彩椒，炒匀，加入老抽、水淀粉，快速翻炒，大火收汁即可。

小·贴士

鸡肉含有维生素A、核黄素、硫胺素、蛋白质、脂肪等成分，具有补中益气、增强免疫力、补肾益精等功效。

橙汁鸡片

原料 ● READY

鸡胸肉300克，橙汁80克，洋葱、红椒各30克，蒜末、葱花各少许

调料

盐、鸡粉各2克，白糖6克，料酒3毫升，水淀粉、食用油各适量

做法 ● HOW TO MAKE

1. 洗好的红椒去籽，再成丁；洗净去皮的洋葱切成丁；洗好的鸡胸肉切开，再切片。
2. 鸡肉片中加盐、鸡粉、水淀粉、食用油，腌渍约10分钟至食材入味。
3. 油锅爆香蒜末，放入洋葱丁、红椒丁，翻炒片刻，倒入鸡肉片炒匀，淋入料酒，炒香、炒透。
4. 注入清水，翻动几下，倒入橙汁炒匀，加入白糖，炒至糖分溶化，盛出，撒上葱花即成。

小·贴士

鸡胸肉的蛋白质含量较高，而且很容易被人体吸收利用，有增强体力、强壮身体的作用。此外，鸡胸肉还含有对儿童生长发育有重要作用的磷脂类，有促进脑力发育和增高助长的作用，儿童可以适量食用。

三油西芹鸡片

 原料 • READY

鸡胸肉170克，西芹100克，花生碎30克，葱花少许

调料

盐2克，鸡粉2克，料酒7毫升，生抽4毫升，辣椒油6毫升

 做法 • HOW TO MAKE

1. 锅中注水烧热，倒入鸡胸肉，淋入料酒，烧开后用中火煮熟，捞出鸡肉，放凉。

2. 洗好的西芹用斜刀切段；把放凉的鸡胸肉切成片；锅中注水烧开，倒入西芹煮熟，捞出。

3. 取一个小碗，加盐、鸡粉、生抽、辣椒油，倒入花生碎，撒上葱花，拌匀，调成味汁。

4. 另取一个盘子，倒入西芹，摆放整齐，放入鸡肉，摆放好，再浇上味汁即可。

小·贴士

西芹含有碳水化合物、膳食纤维、芳香油及多种维生素、矿物质，具有平肝清热、祛风利湿、降血压等功效。

干煸麻辣鸡丝

🌶 **原料 ●READY**

鸡胸肉300克，干辣椒6克，花椒4克，花生碎、白芝麻、蒜末、葱花各少许

调料

盐3克，鸡粉3克，生抽4毫升，辣椒油、食用油各适量

🍲 **做法 ●HOW TO MAKE**

1. 处理好的鸡胸肉切成丝，加盐、鸡粉、水淀粉、食用油，抓匀，腌渍入味。
2. 用油起锅，倒入蒜末、干辣椒、花椒，爆香，倒入腌好的鸡肉丝，快速翻炒至变色。
3. 加入盐、鸡粉、生抽，炒匀调味，淋入适量辣椒油，翻炒至入味。
4. 撒上葱花、白芝麻、花生碎，翻炒片刻，至食材入味即可。

📌

小·贴士

鸡肉含有蛋白质、维生素B$_1$、维生素B$_2$、钙、磷、铁等营养成分，对营养不良、畏寒怕冷、乏力疲劳、食欲不振、贫血、虚弱等症有很好的食疗作用。

黄蘑焖鸡翅

 原料 ●READY

水发黄蘑220克，鸡翅180克，姜片、蒜片各适量，八角、桂皮、花椒、香菜碎各少许

调料

盐3克，鸡粉、白糖各2克，胡椒粉少许，蚝油8克，老抽3毫升，生抽4毫升，料酒5毫升，水淀粉、食用油各适量

做法 ●HOW TO MAKE

1. 将洗净的黄蘑切段；洗好的鸡翅切上花刀，加盐、鸡粉、胡椒粉，淋上料酒、老抽，腌渍一会儿。
2. 锅中注水烧开，倒入黄蘑，焯煮片刻，捞出；油锅爆香八角、桂皮、花椒、姜片、蒜片。
3. 放入鸡翅、黄蘑，炒匀，加入料酒、生抽、蚝油，炒匀炒透，注入清水焖熟。
4. 加入盐、鸡粉、白糖，炒匀调味，再用水淀粉勾芡，至汤汁收浓，盛出，点缀上香菜碎即可。

小·贴士

黄蘑含有蛋白质、B族维生素和铁、锌、钾、钙、磷、硒等营养成分，具有补充能量、增强免疫力、保护血管等作用。

香辣鸡翅

原料 ● READY

鸡翅270克，干辣椒15克，蒜末、葱花各少许

调料

盐3克，生抽3毫升，白糖、料酒、辣椒油、辣椒面、食用油各适量

做法 ● HOW TO MAKE

1. 洗净的鸡翅加盐、生抽、白糖、料酒，拌匀，腌渍15分钟，入油锅炸至金黄色，捞出。
2. 油锅爆香蒜末、干辣椒，放入鸡翅，淋入料酒炒香。
3. 加入生抽，炒匀，倒入辣椒面，炒香，淋入少许辣椒油，炒匀。
4. 加入盐，炒匀调味，撒上葱花，炒出葱香味即可。

·小·贴士

鸡肉含有多种维生素、钙、磷、锌、铁、镁等成分，还含有丰富的骨胶原蛋白，具有强化血管、肌肉、肌腱和改善缺铁性贫血、增强免疫力等功效。

泡椒鸡脆骨

 原料 ●READY

鸡脆骨120克，泡小米椒30克，姜片、蒜末、葱段各少许

调料

料酒5毫升，盐2克，生抽3毫升，老抽3毫升，豆瓣酱7克，鸡粉2克，水淀粉10毫升，食用油适量

 做法 ●HOW TO MAKE

1. 锅中注水烧开，倒入鸡脆骨，加入料酒、盐，汆去血水，捞出。
2. 油锅爆香姜片、葱段、蒜末，放入鸡脆骨，炒匀，淋入料酒。
3. 加入生抽、老抽，炒匀炒透，倒入泡小米椒、豆瓣酱，炒出香辣味。
4. 加入盐、鸡粉，注入清水，煮至食材入味，倒入水淀粉勾芡即可。

小·贴士

小米椒含有胡萝卜素、维生素C、辣椒素等营养成分，具有温中健胃、增进食欲、防癌抗癌等功效。

魔芋炖鸡腿

原料 ● READY

魔芋150克，鸡腿180克，红椒20克，姜片、蒜末、葱段各少许

调料

老抽2毫升，豆瓣酱5克，生抽、料酒、盐、鸡粉、水淀粉、食用油各适量

做法 ● HOW TO MAKE

1. 洗净的魔芋切小块；洗好的红椒切小块；洗净的鸡腿斩小块，加生抽、料酒、盐、鸡粉、水淀粉抓匀，腌渍入味。
2. 锅中注水烧开，放入盐、魔芋，煮1分30秒，捞出；油锅爆香姜片、蒜末、葱段，倒入鸡腿块炒变色。
3. 再加入生抽、料酒炒香，放入盐、鸡粉炒匀，注入适量清水，放入魔芋，搅匀。
4. 加入老抽、豆瓣酱炒匀，炖入味，放入红椒块，拌煮均匀，淋入水淀粉炒匀，盛出，撒上葱段即可。

小·贴士

魔芋所含的可溶性膳食纤维，在肠胃中会吸水变得膨胀起来，从而增加饱腹感，减少食物摄入量，有利于降脂减肥，是肥胖者和糖尿病患者的良好食物。

粉蒸鸡块

 原料 • READY

鸡块255克，五香蒸肉米粉125克，姜末、葱花各少许

调料

料酒5毫升，白胡椒粉2克，生抽5毫升，老抽3毫升，盐3克，鸡粉2克

 做法 • HOW TO MAKE

1. 取一个碗，倒入鸡块、姜末，放入料酒、生抽、盐、老抽，再放入鸡粉、白胡椒粉，腌渍10分钟。
2. 将蒸肉米粉倒入鸡块中，搅拌均匀，备好一个蒸盘，将拌好的鸡块装入，待用。
3. 电蒸锅注入适量清水烧开，放入鸡块，盖上锅盖，将时间设为20分钟。
4. 待20分钟后掀开锅盖，取出蒸盘，撒上备好的葱花即可食用。

①

②

③

④

小·贴士

鸡肉含有维生素E、蛋白质、脂肪、矿物质等成分，具有增强免疫力、滋阴补肾、助温生热等功效。

卤水鸡胗

原料 ● READY

鸡胗250克，茴香、八角、白芷、白蔻、花椒、丁香、桂皮、陈皮各少许，姜片、葱结各适量

调料

盐3克，老抽4毫升，料酒5毫升，生抽6毫升，食用油适量

做法 ● HOW TO MAKE

1.锅中注水烧热，倒入处理干净的鸡胗，汆煮约2分钟，捞出。
2.用油起锅，倒入香料以及姜片、葱结，爆香，淋入适量料酒、生抽，注入适量清水。
3.倒入鸡胗，加入少许老抽、盐，拌匀，大火煮沸，转中小火卤约25分钟，至食材熟透。
4.关火后夹出卤熟的菜肴，装在盘中，浇入少许卤汁，摆好盘即可。

小贴士

鸡胗含有蛋白质、维生素A、维生素E、钙、磷、钾、锌、镁等微量元素，具有消食健胃、涩精止遗等作用。

丁香鸭

原料 ● READY

鸭肉400克，桂皮、八角、丁香、草豆蔻、花椒各适量，姜片、葱段各少许

调料

盐2克，冰糖20克，料酒5毫升，生抽6毫升，食用油适量

做法 ● HOW TO MAKE

1. 将洗净的鸭肉斩成小件；锅中注水烧开，倒入鸭肉块，淋入料酒，余煮约2分钟，捞出。
2. 油锅爆香姜片、葱段，倒入鸭肉，淋入料酒，炒出香味，淋上生抽，炒匀炒透。
3. 加入冰糖，放入桂皮、八角、丁香、草豆蔻、花椒，炒匀炒香，注入清水煮沸。
4. 加入少许盐焖煮约30分钟，拣出姜片、葱段及其他香料，再转大火收汁即可。

小·贴士

鸭肉含有蛋白质、维生素B$_6$、维生素E以及钙、磷、钠、镁、铁、锰等微量元素，具有温脾胃、消积食、理气滞、固本培元等功效。

永州血鸭

原料 ● READY

鸭肉400克,青椒、红椒各50克,干辣椒15克,鸭血200毫升,姜末、蒜末、葱段各适量

调料

盐3克,鸡粉3克,豆瓣酱20克,生抽5毫升,料酒10毫升,食用油适量

做法 ● HOW TO MAKE

1. 洗净的红椒、青椒切开,再切条,改切成丁;洗好的鸭肉斩成小块。
2. 将鸭肉装入碗中,加盐、鸡粉、生抽、料酒拌匀,腌渍入味。
3. 用油起锅,倒入鸭肉炒出油,加入姜末、蒜末、葱段炒香,放入干辣椒,加入豆瓣酱,翻炒均匀。
4. 放入盐、鸡粉、料酒,炒匀,倒入鸭血,加入青椒、红椒,炒匀即可。

小·贴士

鸭肉含有B族维生素和维生素E,鸭肉中的脂肪不同于其他动物脂肪,各种脂肪酸的比例接近理想值,有降低胆固醇含量的作用,有助于降血压。

腊鸭焖土豆

原料 ● READY

腊鸭块360克，土豆300克，红椒、青椒各35克，洋葱50克，姜片、蒜片各少许

调料

盐2克，鸡粉2克，生抽3毫升，老抽2毫升，料酒3毫升，食用油适量

做法 ● HOW TO MAKE

1. 将洗净去皮的土豆对半切开，切成小块；洋葱切条块，改切片；青椒、红椒去籽，切片。
2. 用油起锅，放入腊鸭肉，略炒，放姜片、蒜片炒香。
3. 放生抽、料酒，翻炒匀，加适量清水，放入土豆，放老抽、盐，中火焖15分钟。
4. 放入洋葱、青椒、红椒，炒匀，放鸡粉，炒匀即可。

小·贴士

土豆含有碳水化合物、蛋白质、膳食纤维、胡萝卜素及多种维生素和矿物质，具有和胃调中、健脾利湿、解毒消炎等作用。

茭白烧鸭块

原料 ● READY

鸭肉500克，青椒、红椒、茭白各50克，五花肉100克，陈皮5克，香叶、沙姜各2克，八角1个，生姜、蒜头各10克，葱段6克，冰糖15克

调料

盐、鸡粉各1克，料酒5毫升，生抽10毫升，食用油适量

做法 ● HOW TO MAKE

1. 将洗净的生姜切厚片；洗好的红椒、青椒切成圈；洗好的茭白切滚刀块；五花肉切厚片。
2. 油锅爆香姜片、蒜头，放入洗净切块的鸭肉炒香，倒入葱段，加入五花肉，翻炒均匀。
3. 加入生抽、料酒，放入各种香料，加入冰糖炒片刻，倒入茭白，注入清水。
4. 加入盐，拌匀，焖30分钟至食材入味，倒入青椒、红椒，加入鸡粉、生抽，炒匀即可。

小·贴士

鸭肉含有蛋白质、脂肪、维生素A及磷、钾等矿物质，具有补肾、消肿、止咳化痰、清热解毒等多种功效。

酸豆角炒鸭肉

原料 ● READY

鸭肉500克，酸豆角180克，朝天椒40克，姜片、蒜末、葱段各少许

调料

盐3克，鸡粉3克，白糖4克，料酒10毫升，生抽5毫升，水淀粉5毫升，豆瓣酱10克，食用油适量

做法 ● HOW TO MAKE

1. 处理好的酸豆角切段；洗净的朝天椒切圈。
2. 锅中注水烧开，倒入酸豆角，煮半分钟，捞出；把鸭肉倒入沸水锅中，余去血水，捞出。
3. 油锅爆香葱段、姜片、蒜末、朝天椒，倒入鸭肉，炒匀，淋入料酒，放入豆瓣酱、生抽，炒匀。
4. 加少许清水，放入酸豆角，炒匀，放入盐、鸡粉、白糖，焖至食材入味，倒入水淀粉炒匀，盛出，放入葱段即可。

小·贴士

鸭肉含有蛋白质、钙、磷、铁、维生素B_1、维生素B_2、烟酸等营养成分，具有补阴益血、清虚热等功效。

腊鸭腿炖黄瓜

🌶 **原料 ● READY**

腊鸭腿300克，黄瓜150克，红椒20克，姜片少许

调料

盐2克，鸡粉3克，胡椒粉、料酒、食用油各适量

🍲 **做法 ● HOW TO MAKE**

1. 洗净的黄瓜横刀切开，去籽，切成块；洗好的红椒切开，去籽，切成片。
2. 锅中注水烧开，倒入腊鸭腿，氽煮片刻，捞出。
3. 用油起锅，放入姜片，爆香，倒入腊鸭腿，淋入料酒，炒匀，注入清水，倒入黄瓜，拌匀。
4. 小火炖20分钟至食材熟透，倒入红椒，加入盐、鸡粉、胡椒粉炒入味即可。

小·贴士

黄瓜含有糖水化合物、膳食纤维、维生素B_1、维生素C、磷、铁等营养成分，具有降低血糖、清热利水等功效。

酱香鸭翅

原料 ●READY

鸭翅300克，青椒80克，去皮胡萝卜60克，朝天椒10克，干辣椒段5克，姜丝少许，沙茶酱、柱候酱各20克

调料

料酒5毫升，食用油适量

做法 ●HOW TO MAKE

1. 洗好的青椒去柄，去籽，切成丝；洗净的胡萝卜切丝；洗好的鸭翅切成段。
2. 取一碗，倒入鸭翅，放入干辣椒段、朝天椒段、柱候酱、沙茶酱、料酒，腌渍入味。
3. 另起锅注油，倒入鸭翅煎至香味析出，放入姜丝，注入清水，拌匀，用中火焖至熟软。
4. 倒入胡萝卜丝、青椒丝，翻炒片刻至断生即可。

小·贴士

鸭翅含有蛋白质、脂肪、钙、磷、铁、B族维生素等营养成分，具有补虚、滋阴、养胃生津等功效。

陈皮焖鸭心

原料 ●READY

鸭心20克，醪糟100克，陈皮5克，花椒、干辣椒、姜片、葱段各少许

调料

料酒10毫升，盐2克，鸡粉2克，蚝油3克，水淀粉4毫升，食用油适量

做法 ●HOW TO MAKE

1. 锅中注水烧开，倒入鸭心，略煮一会儿，淋入少许料酒，余去血水，捞出，沥干待用。

2. 热锅注油，放姜片、葱段爆香；放入鸭心，淋适量料酒，翻炒片刻；放入花椒、干辣椒，炒香；倒入陈皮、醪糟，快速翻炒均匀。

3. 倒入少许清水，煮至沸；加入少许盐、蚝油，翻炒匀，盖上锅盖，转小火焖至其熟软。

4. 揭开锅盖，加少许鸡粉，倒入适量水淀粉勾芡，再倒入葱段，翻炒出香味即可。

小·贴士

陈皮含有挥发油、橙皮苷、川陈皮素等成分，具有开胃健脾、生津止渴、润肺化痰等功效。

葱爆鸭心

 原料 ● READY

鸭心350克，红椒25克，
葱条40克，姜片少许

调料

盐2克，鸡粉3克，料酒7
毫升，生抽2毫升，水淀
粉6毫升，白糖、食用油
各适量

 做法 ● HOW TO MAKE

1. 洗好的葱条切长段；洗净的红椒切开，
   去籽，用斜刀切块。
2. 鸭心去除油脂，切成片，放入碗中，加
   盐、鸡粉、料酒、水淀粉、食用油，腌
   渍入味。
3. 用油起锅，倒入姜片，爆香；放入葱
   白、鸭心，用大火翻炒匀。
4. 倒入红椒、葱叶，炒匀、炒香；加入白
   糖、料酒、生抽、鸡粉，拌炒至食材入
   味即可。

小·贴士

鸭心含有蛋白质、维生素A、钾、钠、钙、
磷、硒等营养成分，具有健脾开胃、镇定安
神、美容养颜等功效。

彩椒炒鸭肠

原料 ●READY

鸭肠70克，彩椒90克，姜片、蒜末、葱段各少许

调料

豆瓣酱5克，盐3克，鸡粉2克，生抽3毫升，料酒5毫升，水淀粉、食用油各适量

做法 ●HOW TO MAKE

1. 将洗净的彩椒切成粗丝；洗好的鸭肠切成段，放在碗中，加适量盐、鸡粉、料酒、水淀粉，腌渍入味。
2. 锅中注入适量清水，大火烧开，倒入鸭肠，搅匀，煮约1分钟，捞出，沥干水分，待用。
3. 用油起锅，放入姜片、蒜末、葱段爆香；倒入鸭肠翻炒均匀。
4. 淋料酒、生抽，倒入彩椒丝炒至断生；加少许清水，放鸡粉、盐、豆瓣酱、水淀粉，炒匀即可。

小·贴士

彩椒含有维生素、碳水化合物、纤维质、钙、磷、铁等营养元素。糖尿病患者食用彩椒，有助于人体内糖类成分的代谢，抑制血糖值的升高。

黄焖仔鹅

 原料 ●READY

鹅肉600克，嫩姜120克，红椒1个，姜片、蒜末、葱段各少许

调料

盐3克，鸡粉3克，生抽、老抽各少许，黄酒、水淀粉、食用油各适量

 做法 ●HOW TO MAKE

1. 将洗净的红椒切小块；把洗好的嫩姜切片。
2. 锅中注水烧开，放入嫩姜，煮1分钟捞出；倒入鹅肉，汆去血水，捞出待用。
3. 用油起锅，放入蒜末、姜片，爆香；倒入鹅肉，炒匀；加入生抽、盐、鸡粉、黄酒、清水、老抽，炒匀，盖上盖，用小火焖5分钟。
4. 揭盖，拌匀，放红椒，加适量水淀粉，拌匀；盛出，装入盘中，放入葱段即可。

·小·贴士

鹅肉具有高蛋白、低脂肪、低胆固醇的特点，还含有不饱和脂肪酸、多种矿物质，具有暖胃生津、补虚益气、和胃止渴、祛风湿等功效。

菌菇冬笋鹅肉汤

🌶 **原料 ● READY**

鹅肉500克，茶树菇90克，蟹味菇70克，冬笋80克，姜片、葱花各少许

调料

盐2克，鸡粉2克，料酒20毫升，胡椒粉、食用油各适量

🍲 **做法 ● HOW TO MAKE**

1. 洗好的茶树菇切去老茎，改切段；洗净的蟹味菇切去老茎；去皮洗好的冬笋切片，备用。
2. 锅中注水烧开，倒入鹅肉，淋适量料酒，汆去血水，捞出，沥干水分。
3. 砂锅中注入适量清水烧开，倒入鹅肉、姜片，淋入适量料酒，烧开后转小火炖至鹅肉熟软。
4. 倒入茶树菇、蟹味菇、冬笋片，搅拌片刻，用小火再炖至食材熟透；放入盐、鸡粉、胡椒粉，搅拌片刻，至食材入味即可。

> ### 小·贴士
> 鹅肉含有人体所需的多种氨基酸、维生素、微量元素及不饱和脂肪酸，并且脂肪含量很低，具有补阴益气、暖胃生津、降压降糖、祛风湿、延缓衰老等功效。

五彩鸽丝

原料 ● READY

鸽子肉700克，青椒20克，红椒10克，芹菜60克，去皮胡萝卜45克，去皮莴笋30克，冬笋40克，姜片少许

调料

盐2克，鸡粉1克，料酒10毫升，水淀粉少许，食用油适量

做法 ● HOW TO MAKE

1. 洗好的鸽子去骨，取肉切条；青椒、红椒切成条状；莴笋切成丝；芹菜切段；冬笋切成条；胡萝卜切片，再切成条。
2. 往切好的鸽子肉里加入盐、料酒、水淀粉，拌匀，腌渍一会儿至入味。
3. 锅中注水烧开，倒入冬笋条、胡萝卜，余煮一会儿至食材断生，捞出待用。
4. 用油起锅，放鸽肉翻炒，加姜片、料酒炒匀，放其他所有材料，炒至食材熟透；加料酒、盐、鸡粉、水淀粉炒匀即可。

小·贴士

鸽子肉含有蛋白质、维生素A、B族维生素、钙、铁、铜等营养物质，具有壮阳补肾、健脑补神、提高记忆力、降低血压、养颜美容等功效。

艾叶炒鸡蛋

 原料 ● READY

艾叶8克，鸡蛋3个，红椒5克

调料

盐、鸡粉各1克，食用油适量

 做法 ● HOW TO MAKE

1. 洗净的艾叶稍稍切碎。
2. 洗好的红椒切开去籽，切成丝，改切成丁。
3. 鸡蛋打入碗中，加入盐、鸡粉，搅散，制成蛋液。
4. 用油起锅，倒入蛋液，稍稍炒拌，放入切好的艾叶、红椒，炒约3分钟至熟即可。

❶

❷

❸

❹

小·贴士

鸡蛋含有蛋白质、氨基酸、B族维生素、硒、铁等多种营养元素，具有增强免疫力、强健体格、防癌抗癌等多种作用。

菠菜炒鸡蛋

原料 ●READY

菠菜65克，鸡蛋2个，彩椒10克

调料

盐2克，鸡粉2克，食用油适量

做法 ●HOW TO MAKE

1. 洗净的彩椒切开，去籽，切条形，再切成丁。
2. 洗好的菠菜切成粒。
3. 鸡蛋打入碗中，加入适量盐、鸡粉，搅匀打散，制成蛋液，待用。
4. 用油起锅，倒入蛋液，翻炒均匀；加入彩椒，翻炒匀；倒入菠菜粒，炒至食材熟软即可。

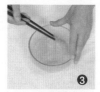

小·贴士

菠菜含碳水化合物、维生素、铁、钾、胡萝卜素、叶酸、草酸、磷脂等，能促进生长发育、增强抗病能力，促进人体新陈代谢，延缓衰老。

彩椒玉米炒鸡蛋

 原料 ● READY

鸡蛋2个，玉米粒85克，彩椒10克

调料

盐3克，鸡粉2克，食用油适量

 做法 ● HOW TO MAKE

1. 洗净的彩椒切开，去籽，切成条，再切成丁。

2. 鸡蛋打入碗中，加入少许盐、鸡粉，搅匀，制成蛋液，备用。

3. 锅中注入适量清水烧开，倒入玉米粒、彩椒，加入适量盐，煮至断生，捞出，沥干待用。

4. 用油起锅，倒入蛋液，炒匀，倒入焯过水的食材，快速炒匀，盛出装盘，撒上葱花即可。

小·贴士

玉米含有膳食纤维、钙、磷等营养成分，具有促进大脑发育、降血脂、降血压、软化血管等功效。

春笋叉烧肉炒蛋

 原料 ● READY

竹笋130克，彩椒12克，
叉烧肉55克，鸡蛋2个

调料

盐2克，鸡粉2克，料酒
3毫升、水淀粉、食用油
各适量

 做法 ● HOW TO MAKE

1. 彩椒切成小块；洗好去皮的竹笋切丁；
   叉烧肉切成小块；竹笋丁、彩椒丁焯水
   后捞出待用。
2. 把鸡蛋打入碗中，加入少许盐、鸡粉、水
   淀粉，快速搅拌匀，制成蛋液，待用。
3. 用油起锅，倒入焯过水的食材，炒匀；
   加入少许盐，倒入叉烧肉，转中火，快
   速炒干水汽，关火后盛出炒好的材料，
   待用。
4. 另起锅，注入适量食用油烧热，倒入蛋
   液，炒匀，放入炒好的食材，用中火炒
   至食材熟即可。

小·贴士

竹笋含有膳食纤维、维生素、钙、磷、镁、
锌、硒、铜等营养成分，具有促进肠道蠕
动、去积食、健脾等功效。

鸡蛋炒豆渣

 原料 ●READY

豆渣120克，彩椒35克，鸡蛋3个

调料

盐、鸡粉各2克，食用油适量

 做法 ●HOW TO MAKE

1. 将洗净的彩椒切成丁；把鸡蛋打入碗中，加入盐、鸡粉，调匀，制成蛋液待用。
2. 炒锅烧热，倒入少许食用油，放入豆渣，用小火将水分炒干，盛出，放凉待用。
3. 用油起锅，倒入彩椒丁，炒出香味；加入少许盐、鸡粉，炒匀调味，盛出待用。
4. 另起锅，淋入少许食用油烧热，倒入蛋液，炒匀；放入炒好的彩椒、豆渣，翻炒均匀即可。

小·贴士

鸡蛋含有蛋白质、卵磷脂、维生素A、维生素D、维生素E、烟酸、铁、磷、钙等营养成分，具有促进大脑发育、增强免疫力等功效。

萝卜干肉末炒鸡蛋

 **原料●READY**

萝卜干120克，鸡蛋2个，肉末30克，干辣椒5克，葱花少许

调料

盐、鸡粉各2克，生抽3毫升，水淀粉、食用油各适量

 **做法●HOW TO MAKE**

1. 将鸡蛋打入碗中，加入少许盐、鸡粉、水淀粉，制成蛋液，待用；洗净的萝卜干切成丁。
2. 锅中注入适量清水烧开，倒入萝卜丁，焯煮至其变软后捞出，沥干水分，待用。
3. 用油起锅，倒入蛋液，用中火翻炒一会儿，盛出炒好的鸡蛋，装入碗中，待用。
4. 锅底留油烧热，放肉末翻炒；淋生抽，放干辣椒炒香；倒萝卜丁、鸡蛋炒散；加盐、鸡粉炒至食材入味；盛出，点缀上葱花即成。

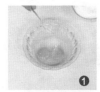

小·贴士

萝卜干含有胡萝卜素、抗坏血酸、钙、磷等营养成分，具有降血脂、降血压、清热生津、化痰止咳等功效。

笋丁焖蛋

 原料 ● READY

竹笋丁200克，肉末100克，蛋液200克，红椒块、葱花各少许

调料

料酒5毫升，盐2克，鸡粉2克，食用油适量

 做法 ● HOW TO MAKE

1. 热锅注油，倒入备好的肉末，炒至变色。
2. 倒入竹笋丁，加入少许料酒、盐、鸡粉，注入适量清水，用大火煮至食材入味。
3. 将备好的蛋液倒入锅中，再煮5分钟。
4. 倒入红椒、葱花，搅拌匀，略炒一会儿即可。

小·贴士

竹笋含有蛋白质、胡萝卜素、膳食纤维、铁、磷、镁等营养成分，具有开胃健脾、清热解毒、增强免疫力等功效。

Part 4

水 产 篇

　　水产类食物在我们饮食中占有重要的地位，特别是水产类食物中的鱼类，富含蛋白质、碳水化合物、脂肪、多种维生素，营养丰富，肉质鲜美，深受大家的喜爱。

香酥浇汁鱼

原料●READY

沙丁鱼160克，瘦肉末50克，彩椒40克，姜片、蒜末、葱花各少许

调料

盐、鸡粉各3克，生粉20克，生抽6毫升，白糖2克，豆瓣酱、辣椒酱、水淀粉、食用油各适量

做法●HOW TO MAKE

1. 彩椒切粒；沙丁鱼装碗，加盐、鸡粉、生抽、生粉，腌渍10分钟。
2. 热锅注油，烧至五成热，放入沙丁鱼，炸至鱼肉熟软，捞出，装盘待用。
3. 锅底留油烧热，倒入肉末，炒至变色；加生抽炒匀，放入豆瓣酱，倒入蒜末、姜片，炒香，撒上彩椒，炒匀。
4. 注入清水，倒入辣椒酱，加盐、白糖、鸡粉，拌匀调味，用大火略煮；倒入水淀粉勾芡，调成味汁，浇在沙丁鱼上，点缀上葱花即可。

小·贴士

彩椒含有胡萝卜素、B族维生素、维生素C、纤维素、钙、磷、铁等营养成分，具有清热消暑、补血、促进血液循环等功效。

麻辣豆腐鱼

原料 ● READY

净鲫鱼300克，豆腐200克，醮糟汁40克，干辣椒3克，花椒、姜片、蒜末、葱花各少许

调料

盐2克，豆瓣酱7克，花椒粉、老抽各少许，生抽5毫升，陈醋8毫升，水淀粉、花椒油、食用油各适量

做法 ● HOW TO MAKE

1. 将豆腐洗净，切成小方块，待用。
2. 用油起锅，放入鲫鱼，煎至两面断生；放入干辣椒、花椒、姜片、蒜末，炒出香辣味。
3. 倒入醮糟汁，注入清水，加豆瓣酱、生抽、盐、花椒油，中火略煮；放入豆腐块，淋上陈醋，小火焖煮5分钟；盛出装入盘待用。
4. 将锅中留下的汤汁烧热，淋入老抽，用水淀粉勾芡，制成味汁，浇在鱼身上，撒上葱花、花椒粉即可。

小·贴士

鲫鱼含蛋白质、脂肪、B族维生素、铁、钙、磷等营养物质，有健脾利湿、活血通络、温中下气、利水消肿等功效。

香辣水煮鱼

‹

原料 ●READY

净草鱼850克，绿豆芽100克，干辣椒30克，蛋清10克，花椒15克，姜片、蒜末、葱段各少许

调料

豆瓣酱15克，盐、鸡粉各少许，料酒3毫升，生粉、食用油各适量

做法 ●HOW TO MAKE

1. 草鱼切开，取鱼骨，切大块，鱼肉用斜刀切片，装碗，加盐、蛋清、生粉，腌渍入味；热锅注油烧热，倒入鱼骨，炸2分钟，捞出。
2. 用油起锅，放入姜、蒜、葱、豆瓣酱，炒香；倒入鱼骨，炒匀；加入开水、鸡粉、料酒、绿豆芽，煮至断生；捞出食材，装入碗中。
3. 锅中留汤汁煮沸，放入鱼肉片，煮至断生，连汤汁一起倒入汤碗中。
4. 另起锅注油烧热，放入干辣椒、花椒，中小火炸香，盛入汤碗中即成。

小·贴士

绿豆芽含有氨基酸、维生素C、锌、镁、锰、铁、磷、硒等营养成分，具有清热解毒、利尿除湿、美容养颜等功效。

 红烧腊鱼

原料●READY

腊鱼块350克，生粉30克，花椒、桂皮各适量，姜片、葱段各少许

调料

白糖3克，料酒3毫升，生抽3毫升，胡椒粉少许，食用油适量

做法●HOW TO MAKE

1. 锅中注水烧开，放入腊鱼块，汆去杂质，捞出装碗，加生粉，拌匀。
2. 热锅注油烧至四五成热，放入腊鱼块，炸至焦黄色，捞出，沥干油。
3. 用油起锅，倒入花椒、桂皮、姜片、爆香；淋入料酒，放入腊鱼块，放生抽，加清水，放白糖、胡椒粉，盖上盖，中火焖2分钟。
4. 揭开盖，放入葱段，炒匀即可。

小·贴士

花椒有芳香健胃、温中散寒、除湿止痛、杀虫解毒之功效，对恶心、食积、呕吐、风寒湿痹、齿痛等症有食疗作用。

腊鱼烧五花肉

原料 • READY

腊鱼200克，五花肉300克，豆角、青椒、红椒各30克，八角、干辣椒、桂皮、花椒、辣椒酱、姜片、葱段、蒜末各少许

调料

白糖2克，鸡粉3克，料酒、生抽、食用油各适量

做法 • HOW TO MAKE

1. 红椒切块；青椒切块；豆角切小段；五花肉切片。

2. 锅中注水烧开，倒入腊鱼，余煮片刻，捞出，沥干水分。

3. 用油起锅，倒入五花肉，炒至转色；放入八角、桂皮、花椒，炒匀；加姜片、蒜末、干辣椒，炒香；淋入料酒、生抽，炒匀。

4. 倒入腊鱼，注入清水，放入豆角，中火焖5分钟；加入辣椒酱、青椒、红椒、白糖、鸡粉、葱段，炒匀；拣出八角、桂皮、花椒即可。

小·贴士

五花肉含有蛋白质、维生素A、磷、钾、镁等营养成分，具有增强免疫力、健脾开胃、生津益血等功效。

蛋白鱼丁

原料 ● READY

蛋清100克，红椒10
克，青椒10克，脆鲩
100克

调料

盐2克，鸡粉2克，料酒4
毫升，水淀粉适量

做法 ● HOW TO MAKE

1. 红椒洗净切开，去籽，切小块；青椒洗净切开，去籽，切小块。
2. 鱼肉切成丁，装碗，加盐、鸡粉、水淀粉，腌渍10分钟。
3. 热锅注油，倒入鱼肉、青椒、红椒，炒匀；加盐、鸡粉、料酒，炒匀调味。
4. 倒入备好的蛋清，快速翻炒均匀即可。

小·贴士

鸡蛋清能益精补气、润肺利咽、清热解毒，还具有护肤美肤的作用，经常食用有助于延缓衰老。

木耳炒鱼片

原料 • READY

草鱼肉120克，水发木耳50克，彩椒40克，姜片、葱段、蒜末各少许

调料

盐3克，鸡粉2克，生抽3毫升，料酒5毫升，水淀粉、食用油各适量

做法 • HOW TO MAKE

1. 木耳切小块；彩椒切小块；草鱼肉切片，装碗，加鸡粉、盐、水淀粉、食用油，腌渍10分钟。
2. 热锅注油，烧至四成热，放入滤勺，倒入鱼肉，炸至鱼肉断生，捞出，沥干油。
3. 锅底留油，放入姜片、蒜末、葱段，爆香；倒入彩椒、木耳，炒匀。
4. 倒入腌渍好的草鱼片，淋入料酒，加鸡粉、盐、生抽、水淀粉，快速翻炒至食材熟透即可。

小·贴士

木耳含有蛋白质、多糖、钙、磷、铁、胡萝卜素、B族维生素、磷脂、固醇等成分。糖尿病患者适量食用木耳，不仅能润养心肺，还可降低血糖。

辣子鱼块

 原料●READY

草鱼尾200克，青椒40克，胡萝卜90克，鲜香菇40克，泡小米椒25克，姜片、蒜末、葱段各少许

调料

盐、鸡粉各2克，陈醋10毫升，白糖4克，生抽5毫升，水淀粉8毫升，豆瓣酱15克，生粉、食用油各适量

做法●HOW TO MAKE

1. 泡小米椒切碎；胡萝卜切片；青椒切小块；香菇切小块；草鱼尾切小块，装碗，加生抽、鸡粉、盐、生粉，拌匀。
2. 热锅注入油，烧至六成热，放入鱼块，炸至金黄色，捞出。
3. 锅底留油，放入姜片、蒜末、泡小米椒，爆香；倒入胡萝卜、鲜香菇，炒香；加豆瓣酱，炒香。
4. 放入鱼块，倒入清水、生抽、陈醋、盐、白糖、鸡粉，炒匀；放入青椒块，炒匀；淋入水淀粉勾芡，放上葱段即可。

小·贴士

草鱼含有蛋白质、不饱和脂肪酸、钙、磷、硒、铁、锌等营养成分，具有温中补虚、抗衰老、养颜、改善缺铁性贫血等功效。

青椒兜鱼柳

 原料 ● READY

鱼柳150克，青椒70克，红甜椒5克

调料

盐2克，鸡粉3克，水淀粉、胡椒粉、料酒、食用油各适量

 做法 ● HOW TO MAKE

1. 青椒洗净切小块；红甜椒洗净切小块。
2. 鱼柳切块，放入碗中，加料酒、水淀粉、鸡粉，拌匀，腌渍15分钟。
3. 用油起锅，放入青椒、红甜椒，炒香。
4. 倒入鱼柳，翻炒至熟；加盐、胡椒粉、水淀粉，炒至入味即可。

 小·贴士

青椒对消化道有较强的刺激作用，能刺激胃液的分泌，加速新陈代谢，并能减轻一般感冒症状，还有促进消化、改善食欲、增强体力的功效。

小鱼花生

 原料 ● READY

小鱼干150克，花生米
200克，红椒50克，葱
花、蒜末各少许

调料

盐、鸡粉各2克，椒盐粉
3克，食用油适量

 做法 ● HOW TO MAKE

1. 将红椒切开，去籽，再切成丁，待用。
2. 锅中注水烧开，倒入小鱼干，汆煮片刻，捞出。
3. 热锅注油，倒入花生米，炸至微黄色，捞出，沥干油；再倒入小鱼干，炸至酥软，捞出，沥干油。
4. 用油起锅，倒入蒜末、红椒丁、小鱼干，炒匀；加盐、鸡粉、椒盐粉，炒匀；加葱花、花生米，翻炒至熟即可。

小·贴士

花生含有蛋白质、不饱和脂肪酸、胡萝卜素、维生素E、钙、磷、钾等营养成分，具有益气补血、增强记忆力、养阴补虚等功效。

豉香乌头鱼

原料 ●READY

乌头鱼300克，红椒15克，青椒15克，豆豉45克，姜末、葱花各少许

调料
生抽5毫升，鸡粉2克，食用油适量

做法 ●HOW TO MAKE

1. 乌头鱼切开背部；青椒切粒；红椒切粒。
2. 豆豉剁成细末，装碗，放入青椒、红椒、姜末，加生抽、鸡粉，拌匀；淋入食用油，调成味汁。
3. 将乌头鱼放入盘中，倒上味汁，待用。
4. 蒸锅上火烧开，放入蒸盘，盖上盖，用中火蒸15分钟至其熟透，取出，撒上葱花即可。

小·贴士

红椒含有丰富的辣椒素，对消化道有较强的刺激作用，能刺激胃液的分泌，加速新陈代谢，并能减轻感冒症状，还有改善食欲的功效。

春笋烧黄鱼

 原料 ● READY

黄鱼400克，竹笋180克，姜末、蒜末、葱花各少许

调料

鸡粉、胡椒粉各2克，豆瓣酱6克，料酒10毫升，食用油适量

 做法 ● HOW TO MAKE

1. 竹笋洗净切成薄片；黄鱼切上花刀。
2. 锅中注水烧开，倒入竹笋，淋入料酒，略煮片刻，捞出。
3. 用油起锅，放入黄鱼，煎至两面断生；倒入姜末、蒜末，炒香；放入豆瓣酱，炒出香味。
4. 注入清水，倒入竹笋，淋入料酒，拌匀，盖上盖，小火焖15分钟；加鸡粉、胡椒粉，煮至食材入味，撒上葱花即可。

小·贴士

竹笋含有蛋白质、胡萝卜素、维生素B_1、维生素C、钙、磷、铁等营养成分，具有滋阴凉血、和中润肠、清热化痰、解渴除烦等功效。

醋焖腐竹带鱼

原料 • READY

带鱼110克，蒜苗70克，红椒40克，腐竹35克，姜末、蒜末、葱段各少许

调料

盐3克，白糖2克，生粉15克，白醋10毫升，生抽11毫升，料酒4毫升，水淀粉5毫升，鸡粉、食用油各适量

做法 • HOW TO MAKE

1. 蒜苗切段；红椒切小块；带鱼切小块，装碗，加生抽、盐、鸡粉、料酒，抓匀；撒上生粉，裹匀。
2. 锅中注油，烧至四成热，放入腐竹，炸至金黄色，捞出；放入带鱼，炸成焦黄色，捞出。
3. 锅底留油，放入姜末、葱段、蒜末、蒜苗梗，爆香；倒入清水，放入腐竹，炒匀；加盐，煮至汤汁沸腾。
4. 放入红椒，淋入生抽，倒入带鱼，放入蒜苗叶，翻炒匀；淋入白醋、水淀粉，炒匀即可。

小贴士

带鱼含有蛋白质、维生素B$_1$、维生素B$_2$、烟酸、钙、磷、铁等营养成分，能补脾益气、润泽肌肤、益血补虚，适合久病体虚、血虚头晕、气短乏力、营养不良者食用。

豆瓣酱烧带鱼

原料 ● READY

带鱼肉270克，姜末、葱花各少许

调料

盐2克，料酒9毫升，豆瓣酱10克，生粉、食用油各适量

做法 ● HOW TO MAKE

1. 带鱼肉两面切上网格花刀，再切成块，装入碗中，加盐、料酒、生粉，腌渍至入味。
2. 用油起锅，放入带鱼块，小火煎至断生，捞出。
3. 锅底留油烧热，倒入姜末，爆香；放入豆瓣酱，炒出香味。
4. 注入清水，放入带鱼块，加料酒，盖上盖，煮开后用小火焖10分钟，点缀上葱花即可。

小·贴士

带鱼含有蛋白质、不饱和脂肪酸、磷、钙、镁、铁、碘等营养成分，对心血管系统有很好的保护作用，具有养肝补血、泽肤养发等功效。

酥炸带鱼

🌶 原料 • READY

带鱼300克，鸡蛋45克，花椒、葱花各少许

调料

生粉10克，生抽8毫升，盐2克，鸡粉2克，料酒5毫升，辣椒油7毫升，食用油适量

🍳 做法 • HOW TO MAKE

1. 带鱼装碗，加生抽、盐、鸡粉，拌匀；倒入蛋黄，搅匀，撒上生粉，裹匀，腌渍10分钟。
2. 热锅注油，烧至四成热，倒入带鱼，炸至鱼肉呈金黄色，捞出，沥干油。
3. 锅底留油，倒入花椒，用大火爆香；放入带鱼，淋入料酒、生抽、辣椒油，翻炒均匀。
4. 加入盐，撒上葱花，快速翻炒出葱香味即可。

小·贴士

带鱼含有蛋白质、维生素A、不饱和脂肪酸、磷、钙、铁、碘等营养成分，有和中开胃、补脾益气、暖胃补虚、润泽肌肤等功效。

豆瓣酱焖红衫鱼

 原料 ● READY

净红衫鱼200克，姜片、蒜末、红椒圈、葱丝各少许

调料

豆瓣酱6克，盐2克，鸡粉2克，料酒5毫升，生抽7毫升，水淀粉、食用油各适量

 做法 ● HOW TO MAKE

1. 红衫鱼装盘，加盐、鸡粉、生抽、料酒、生粉，拌匀，腌渍约10分钟，至食材入味。

2. 热锅注油，烧至五成热，放入红衫鱼，捞出，沥干油，待用。

3. 锅底留油，放入姜、蒜、红椒、爆香；加入料酒、清水、豆瓣酱、盐、鸡粉、生抽，搅至沸腾；放入红衫鱼，煮至入味，盛出装盘。

4. 将锅中余下的汤汁烧热，倒入水淀粉勾芡，浇在红衫鱼上，撒上葱丝即成。

小·贴士

红衫鱼具有高蛋白、低脂肪的特点，有补虚弱、暖脾胃、益筋骨的功效。其脂肪多为不饱和脂肪酸，能有效降低血液中胆固醇含量，增强血管弹性，防止动脉粥样硬化，对预防心脑血管疾病有积极作用。

剁椒鲈鱼

①

②

③

④

原料 ● READY

海鲈鱼350克，剁椒35克，葱条适量，葱花、姜末各少许

调料

鸡粉2克，蒸鱼豉油30毫升，芝麻油适量

做法 ● HOW TO MAKE

1. 海鲈鱼处理干净，背部切上花刀。
2. 取一个小碗，倒入剁椒、姜末，淋入蒸鱼豉油，加鸡粉，拌匀，制成辣酱。
3. 取一个蒸盘，铺上葱条，放入海鲈鱼，再铺上辣酱，摊匀；淋入芝麻油，待用。
4. 蒸锅上火烧开，放入蒸盘，盖上盖，用中火蒸10分钟至食材熟透；取出蒸盘，趁热浇上蒸鱼豉油，点缀上葱花即成。

小·贴士

海鲈鱼含有蛋白质、维生素A、B族维生素、钙、镁、锌、硒等营养成分，具有补肝肾、益脾胃、化痰止咳等功效。

剁椒武昌鱼

原料 ●READY

武昌鱼650克，剁椒60克，姜块、葱段、葱花、蒜末各少许

调料

鸡粉1克，白糖3克，料酒5毫升，食用油15毫升

做法 ●HOW TO MAKE

1. 武昌鱼切段，放入一大盘，放入姜块、葱段，将鱼头摆在盘子边缘，鱼段摆成孔雀开屏状，待用。
2. 备一碗，倒入剁椒，加料酒、白糖、鸡粉、10毫升食用油，搅拌均匀，淋在武昌鱼身上。
3. 蒸锅中注入适量清水烧开，放上武昌鱼，加盖，大火蒸8分钟至熟，取出，撒上蒜末、葱花。
4. 另起锅注入5毫升食用油，烧至五成热，浇在蒸好的武昌鱼身上即可。

小·贴士

武昌鱼富含优质蛋白质、不饱和脂肪酸、钙、磷、铁、锌等营养物质，具有补虚、益脾、养血、祛风、健胃等功效。

酱烧武昌鱼

原料 ● READY

武昌鱼650克，黄豆酱30克，红彩椒30克，姜末、蒜末、葱花各少许

调料

盐3克，胡椒粉2克，白糖1克，陈醋、水淀粉各5毫升，料酒10毫升，食用油适量

做法 ● HOW TO MAKE

1. 红彩椒切丁；武昌鱼两面划几道一字花刀，撒盐，抹匀，撒上胡椒粉，淋入料酒，腌渍10分钟至入味。

2. 热锅注油，放入武昌鱼，煎至两面微黄，盛出装盘。

3. 另起锅注油，下姜末、蒜末爆香，倒入黄豆酱，注入清水，放入武昌鱼，加盐、白糖、鸡粉、陈醋，焖煮10分钟，盛出装盘待用。

4. 往锅中的剩余汤汁里加入红彩椒，倒入水淀粉、食用油，边倒边搅匀；放入葱花，拌匀成酱汁，浇在武昌鱼身上即可。

小·贴士

武昌鱼含有蛋白质、钙、磷、核黄素、B族维生素等营养物质，具有健体补虚、健脾养胃、利水消肿等功效。

酱焖多春鱼

原料 ● READY

多春鱼270克，姜末、蒜末、葱花各少许

调料

白糖2克，陈醋2毫升，鸡粉1克，生粉、水淀粉、豆瓣酱、食用油各适量

做法 ● HOW TO MAKE

1. 热锅注油，烧至六成热，将多春鱼裹上生粉，放入油锅中，炸至金黄色，捞出。
2. 用油起锅，倒入姜末、蒜末，爆香；加豆瓣酱，小火炒香。
3. 注入清水，加入白糖、陈醋，待汤汁沸腾，倒入多春鱼，拌匀，用中火煮3分钟。
4. 加入鸡粉，拌匀略煮；倒入水淀粉勾芡，最后撒上葱花即可。

小·贴士

葱含有挥发性硫化物，有杀菌、通乳、利尿、发汗和安眠等功效，对风寒感冒轻症、痢疾脉微、小便不利等病症有食疗作用。

酸辣鲷鱼

原料 ● READY

鲷鱼300克，西红柿15克，洋葱、芹菜、小米椒各10克，香菜、姜片、蒜末、葱段、花椒各少许

调料

盐2克，鸡粉3克，料酒10毫升，豆瓣酱6克，生抽、老抽各5毫升，生粉、水淀粉、辣椒油、食用油各适量

做法 ● HOW TO MAKE

1. 芹菜切碎；洋葱切粒；西红柿切小丁块；小米椒切圈；鲷鱼装盘，加生抽、鸡粉、料酒、生粉，腌渍约10分钟。
2. 油锅烧至五六成热，放入鲷鱼，炸至黄色，捞出；锅底留油，放姜片、蒜末、葱段、花椒爆香，倒西红柿、小米椒、洋葱、芹菜炒匀。
3. 淋入料酒，注入清水，加豆瓣酱、辣椒油、生抽、老抽、盐、鸡粉，拌匀煮沸，放入鲷鱼，拌至入味后盛出待用。
4. 锅中留汤汁烧热，用水淀粉勾芡，浇在鱼身上，点缀上香菜即可。

小贴士

西红柿含有维生素C、胡萝卜素、有机酸等营养成分，具有增进食欲、帮助消化、生津止渴、清热解毒等功效。

铁板鹦鹉鱼

 原料 ● READY

鹦鹉鱼150克，洋葱90克，红椒30克，蒜末、姜片、葱花各少许

调料

生抽7毫升，料酒5毫升，鸡粉3克，豆瓣酱8克，盐、白糖各2克，生粉10克，水淀粉10毫升，芝麻油2毫升，食用油适量

 做法 ● HOW TO MAKE

1. 洋葱洗净切丝，取部分切成粒；红椒洗净切粒；鹦鹉鱼装碗，加生抽、料酒、盐、鸡粉、生粉，裹匀，腌渍入味。
2. 锅中注油，烧至六成热，放入鹦鹉鱼，炸至金黄色，捞出。
3. 锅底留油，放入蒜、姜，爆香；倒入红椒粒、洋葱粒，炒香；加清水、鸡粉、豆瓣酱、生抽、盐、白糖、水淀粉、芝麻油，炒匀。
4. 把洋葱丝放入烧热的铁板中，放入鹦鹉鱼，浇上汤汁，撒上葱花即可。

小·贴士

洋葱含有一种称为硫化丙烯的油脂性挥发物，具有辛辣味，这种物质能抗寒，抵御流感病毒，有较强的杀菌作用。

火焙鱼焖黄芽白

 原料 ●READY

火焙鱼100克，大白菜
400克，红椒1个，姜
片、葱段、蒜末各少许

调料

盐、鸡粉各3克，料酒、
生抽各少许，水淀粉、
食用油各适量

做法 ●HOW TO MAKE

1. 红椒洗净切小块；大白菜洗净切小块。
2. 锅中注水烧开，加盐、食用油，放入大白菜，煮半分钟，捞出。
3. 热锅注油，烧至四五成热，放入火焙鱼，略炸一会儿，捞出；锅底留油，放入姜片、葱段、蒜末爆香，放红椒炒香。
4. 放入火焙鱼，淋入料酒、生抽，炒匀；倒入大白菜，加清水、盐、鸡粉、水淀粉炒片刻即可。

小·贴士

白菜含有粗纤维、胡萝卜素、维生素、钙、磷等营养成分，具有通利肠胃、养胃生津、除烦解渴、利尿通便、清热解毒等功效。

香菇笋丝烧鲳鱼

 **原料●READY**

鲳鱼400克，豆瓣酱25克，蒜末15克，姜末10克，葱花15克

调料

鸡粉2克，料酒5毫升，香醋3毫升，白糖3克，水淀粉4毫升，食用油适量

 **做法●HOW TO MAKE**

1.鲳鱼处理干净，两面切上十字花刀。

2.锅中注油烧至六成热，倒入鲳鱼，炸至起皮，捞出，沥干油。

3.锅底留油，倒入姜末、蒜末，爆香；放入豆瓣酱，注入清水，放入鲳鱼，淋入料酒、香醋，煮沸；加鸡粉、白糖调味；盛出装盘待用。

4.锅中倒入少许水淀粉，搅匀，将汤汁浇在鱼身上，撒上葱花即可。

小·贴士

鲳鱼含有蛋白质、不饱和脂肪酸、硒、镁、钙、磷、铁等营养成分，具有益气养胃、柔筋利骨、增强免疫力等功效。

姜丝炒墨鱼须

 原料 ●READY

墨鱼须150克，红椒30克，生姜35克，蒜末、葱段各少许

调料

豆瓣酱8克，盐、鸡粉各2克，料酒5毫升，水淀粉、食用油各适量

 做法 ●HOW TO MAKE

1. 生姜切细丝；红椒切粗丝；墨鱼须切段。

2. 锅中注水烧开，倒入墨鱼须，淋入料酒，煮约半分钟，捞出。

3. 用油起锅，放入蒜末、红椒丝、姜丝，爆香；倒入墨鱼须，炒至肉质卷起；淋入料酒，炒匀。

4. 放入豆瓣酱，炒香；加盐、鸡粉，炒匀调味；淋入水淀粉勾芡，撒上葱段，炒出葱香味即可。

小·贴士

墨鱼须口感爽滑，味道鲜美，含有维生素A、B族维生素、钙、磷、铁等营养物质，是一种高蛋白、低脂肪的滋补食品。女性食用墨鱼，对塑造体型、保持身材和保养肌肤等都有较好的食疗效果。

蚝油酱爆鱿鱼

原料 ● READY

鱿鱼350克，竹笋丝15克，肉丝50克，香菇丝15克，葱丝、姜丝、彩椒丝各少许

调料

盐2克，料酒少许，生抽、老抽各5毫升，鸡粉3克，水淀粉适量

做法 ● HOW TO MAKE

1. 鱿鱼切上网格花刀，再切成块。
2. 锅中注水烧开，倒入鱿鱼，汆煮成鱿鱼卷，捞出。
3. 锅底留油，倒入肉丝、姜丝爆香，放入备好的竹笋丝、香菇丝翻炒均匀，淋入少许料酒，炒匀提味，注入适量清水，加入盐、生抽、老抽，放入鱿鱼，煮10分钟至其上色，倒入葱丝、彩椒丝，搅拌均匀。
4. 将煮好的鱿鱼盛入盘中，锅中在放入少许鸡粉、水淀粉搅拌匀，至汤汁浓稠，关火后将汤汁盛出，浇在鱼身上即可。

小·贴士

鱿鱼含有蛋白质、钙、牛磺酸、磷、B族维生素等成分，具有开胃消食、增强免疫力、行气活血等功效。

酱爆鱿鱼圈

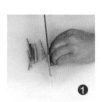

原料 ● READY

鱿鱼250克，红椒25克，青椒35克，洋葱45克，蒜末10克，姜末10克

调料

豆瓣酱30克，料酒5毫升，鸡粉2克，食用油适量

做法 ● HOW TO MAKE

1. 洋葱切丝；红椒切丝；青椒切丝；鱿鱼切圈。
2. 锅中注水烧开，倒入鱿鱼圈，余煮片刻，捞出过凉水，再捞出。
3. 热锅注油烧热，倒入豆瓣酱、姜末、蒜末、翻炒爆香；倒入鱿鱼圈，淋入料酒，翻炒去腥。
4. 倒入洋葱，注入清水，倒入青椒、红椒，加鸡粉，翻炒匀即可。

小·贴士

洋葱含有蛋白质、钾、维生素C、叶酸、锌、硒等成分，具有促进食欲、增强免疫力、抗菌杀菌等功效。

腊肉泥鳅钵

原料 ● READY

泥鳅300克，腊肉300克，紫苏15克，剁椒、豆瓣酱各20克，白酒15毫升，葱段、姜片、蒜片、青菜叶各少许

调料

鸡粉2克，白糖3克，水淀粉、老抽、芝麻油、食用油各适量

做法 ● HOW TO MAKE

1. 腊肉切片；泥鳅切一字刀，再切成段。
2. 锅中注水烧开，倒入腊肉，汆煮片刻，捞出；锅中注油烧至五成热，放入泥鳅，炸至金黄色，捞出，沥干油。
3. 锅底留油，倒入姜片、蒜片、剁椒、腊肉，炒匀；倒入豆瓣酱、泥鳅，炒匀；倒入白酒，注入清水，拌匀；加盖，大火焖5分钟。
4. 加鸡粉、白糖、老抽、紫苏，炒匀；倒入葱段、水淀粉，炒匀；加入芝麻油，翻炒至入味；盛出装入放有青菜叶的碗中即可。

小·贴士

泥鳅含有蛋白质、钾、磷、镁、钠、硒及维生素E等营养成分，具有益气补血、益智健脑、益肝补肾等功效。

糖醋鱿鱼

原料 ●READY

鱿鱼130克，红椒20克，番茄汁40克，蒜末、葱花各少许

调料

白糖3克，盐2克，白醋10毫升，料酒4毫升，水淀粉、食用油各适量

做法 ●HOW TO MAKE

1. 鱿鱼洗净，在内侧打上网格花刀，再切成块；红椒洗净切小块。
2. 取一碗，放入番茄汁、白糖、盐、白醋，拌匀，制成味汁。
3. 锅中注入适量清水烧开，倒入鱿鱼，余煮至鱿鱼片卷起，捞出。
4. 用油起锅，放入蒜末、红椒，爆香；倒入鱿鱼卷，炒匀；淋入料酒，炒香；放入味汁，炒匀调味；淋入水淀粉勾芡，撒上葱花即可。

小·贴士

鱿鱼含有钙、磷、维生素B$_1$等，这些都是维持人体健康所必需的营养成分。此外，鱿鱼还含有较多的不饱和脂肪酸和牛磺酸，有滋阴养胃、补虚泽肤的功效。

陈皮炒河虾

原料 ● READY

水发陈皮3克，高汤250
毫升，河虾80克，姜
末、葱花各少许

调料

盐2克，鸡粉3克，胡椒
粉、食用油各适量

做法 ● HOW TO MAKE

1. 水发陈皮切成丝，再切成末，待用。
2. 用油起锅，放入河虾、姜末、陈皮，炒
   匀；倒入高汤，拌匀。
3. 放入盐、鸡粉、胡椒粉，翻炒均匀。
4. 倒入备好的葱花，炒出葱香味即可。

小·贴士

河虾含有蛋白质、维生素A、钙、镁、硒、
铁、铜等营养成分，具有益气补血、清热明
目、降血脂等功效。

酱爆虾仁

原料 ● READY

虾仁200克，青椒20克，姜片、葱段各少许，蚝油20克，海鲜酱25克

调料

盐2克，白糖、胡椒粉各少许，料酒3毫升，水淀粉、食用油各适量

做法 ● HOW TO MAKE

1. 青椒洗净，切开，去籽，切成片。
2. 虾仁装碗，加盐、胡椒粉，拌匀，腌渍约15分钟。
3. 用油起锅，撒上姜片，爆香；倒入备好的虾仁，炒至淡红色。
4. 放入青椒片，倒入蚝油、海鲜酱，炒匀；加白糖、料酒，炒匀；倒入葱段，淋入水淀粉勾芡即可。

 小·贴士

虾仁含有蛋白质、维生素A、钾、碘、镁、磷、锌等营养成分，对儿童大脑和身体发育有积极作用，儿童宜常食。

韭菜花炒虾仁

 原料 ● READY

虾仁85克，韭菜花110克，彩椒10克，葱段、姜片各少许

调料

盐、鸡粉各2克，白糖少许，料酒4毫升，水淀粉、食用油各适量

 做法 ● HOW TO MAKE

1. 韭菜花切长段；彩椒切粗丝；虾仁去虾线，装碗，加盐、料酒、水淀粉，拌匀，腌渍10分钟。
2. 用油起锅，倒入虾仁，翻炒均匀；撒上姜片、葱段，炒香。
3. 淋入料酒，炒至虾身呈亮红色；倒入彩椒丝，炒匀；放入韭菜花，炒至断生。
4. 转小火，加盐、鸡粉、白糖，用水淀粉勾芡即可。

小·贴士

虾仁含有蛋白质、维生素A、虾青素、钾、碘、镁、磷、锌等营养成分，具有补肾壮阳、养胃、润肠等功效。

鹿茸竹笋烧虾仁

 原料 ●READY

虾仁150克，竹笋200克，鹿茸5克，鸡汤200毫升，花椒少许

调料

料酒8毫升，鸡粉2克，盐2克，食用油适量

做法 ● HOW TO MAKE

1. 竹笋对半切开，再切成片；虾仁去虾线。
2. 锅中注水烧开，倒入笋片，汆煮片刻，捞出。
3. 热锅中注油，倒入花椒、笋片、虾仁、鹿茸，淋入料酒，翻炒去腥。
4. 倒入鸡汤，加入盐、鸡粉，炒匀调味，盖上盖，大火焖20分钟；淋入水淀粉勾芡即可。

小·贴士

竹笋具有清热化痰、益气和胃、利水道、帮助消化、去积食等功效。另外，竹笋含脂肪、淀粉很少，属天然低脂、低热量食品，是肥胖者减肥的佳品。

美极什锦虾

 原料 •READY

基围虾400克，口蘑10克，香菇10克，青椒10克，洋葱15克，红彩椒15克，黄彩椒20克

调料

盐2克，鸡粉3克，料酒5毫升，美极鲜酱油10毫升，白胡椒粉5克，食用油适量

 做法 •HOW TO MAKE

1. 基围虾切去头部，再沿背部切一刀，但不切断；红彩椒、黄彩椒、青椒、洋葱、香菇、口蘑切丁。
2. 取一碗，倒入酱油、盐、鸡粉、料酒、白胡椒粉、清水，拌匀，制成调味汁。
3. 热锅注油，烧至六成热，放入基围虾，炸至转色，捞出；油温升高后再倒入，炸至更加酥脆，捞出。
4. 用油起锅，放入洋葱，爆香；倒入香菇、口蘑、青椒、红彩椒、黄彩椒，炒至熟；放虾炒匀；倒入调味汁，炒入味即可。

小·贴士

基围虾含有优质蛋白质、B族维生素、钾、磷、钙、镁、硒等营养成分，具有益气补血、防止动脉硬化、保护心血管等功效。

柠檬胡椒虾仁

 原料 ●READY

虾仁120克，西芹65克，
黄油45克，柠檬50克

调料

胡椒粉2克，盐2克，料
酒4毫升，黑胡椒粉、水
淀粉各少许

 做法 ●HOW TO MAKE

1.西芹洗净切开，用斜刀切成块，待用。

2.虾仁切小段，装碗，加盐、料酒、黑胡
  椒粉，挤入柠檬汁，加入水淀粉，搅
  匀，腌渍15分钟。

3.锅中注入适量清水烧开，放入西芹，加
  盐，煮至断生，捞出。

4.将黄油放入热锅中，开小火使其熔化；
  放入虾仁，大火翻炒至虾身弯曲；倒入
  西芹，炒香；转小火，加胡椒粉、盐，
  炒匀调味即可。

 小贴士

虾仁含有蛋白质、维生素B$_{12}$、锌、碘、硒
等营养成分，具有增强免疫力、补肾壮阳、
理气开胃、延缓衰老等功效。

160

蒜香西蓝花炒虾仁

 原料 • READY

西蓝花170克，虾仁70克，蒜片少许

调料

盐3克，鸡粉1克，胡椒粉5克，水淀粉、料酒各5毫升，食用油适量

 做法 • HOW TO MAKE

1. 西蓝花洗净，切成小块，待用。
2. 虾仁去虾线，装碗，加盐、胡椒粉、料酒，拌匀，腌渍15分钟。
3. 沸水锅中加入食用油、盐，倒入西蓝花，煮至断生，捞出。
4. 用油起锅，倒入虾仁，炒至转色；放入蒜片，炒香；倒入西蓝花，翻炒至熟软；加盐、鸡粉、清水、水淀粉，炒匀收汁即可。

❶

❷

3

4

小·贴士

虾仁含有蛋白质、维生素A、牛磺酸、钾、钙、碘、镁、磷等营养成分，具有化瘀解毒、补肾壮阳、通络止痛、开胃化痰等功效。

沙茶炒濑尿虾

原料 ● READY

濑尿虾400克，沙茶酱
10克，红椒粒10克，洋
葱、青椒、葱白各5克

调料

鸡粉2克，料酒、生抽、
蚝油、食用油各适量

做法 ● HOW TO MAKE

1. 热锅注油，烧至七成热，倒入濑尿虾，炸
   至转色，捞出，沥干油。
2. 用油起锅，倒入红椒、青椒、洋葱、葱
   白、沙茶酱，炒匀。
3. 放入炸好的濑尿虾，炒至食材熟。
4. 加鸡粉、料酒、生抽、蚝油，炒匀即可。

小·贴士

洋葱含有维生素C、叶酸、钾、锌、硒及纤
维素等营养成分，具有增强免疫力、刺激食
欲、抗菌杀菌、帮助消化等功效。

香辣酱炒花蟹

原料 ● READY

花蟹2只，豆瓣酱15克，葱段、姜片、蒜末、香菜段各少许

调料

盐2克，白糖3克，料酒、食用油各适量

做法 ● HOW TO MAKE

1. 花蟹由后背剪开，去除内脏，对半切开，再把蟹爪切碎，待用。
2. 用油起锅，倒入豆瓣酱，炒香；放入姜片、蒜末，翻炒均匀。
3. 淋入料酒，注入清水，倒入花蟹，拌匀；加白糖、盐，搅拌均匀，加盖，中火焖5分钟。
4. 揭盖，放入葱段、香菜段，大火翻炒至断生即可。

小·贴士

花蟹含有蛋白质、维生素A、钙、钾、镁、硒、蛋白质及铜等营养成分，具有清热解毒、抗结核、养筋活血等功效。

茶树菇炒鳝丝

 原料 ●READY

鳝鱼200克，青椒、红椒各10克，茶树菇适量，姜片、葱花各少许

调料

盐2克，鸡粉2克，生抽、料酒各5毫升，水淀粉、食用油各适量

 做法 ●HOW TO MAKE

1. 红椒、青椒洗净切条；鳝鱼肉切上花刀，再切段，改切成条；茶树菇洗净切好，焯水，待用。
2. 用油起锅，放入鳝鱼、姜片、葱花，炒匀。
3. 淋入料酒，倒入切好的青椒、红椒，放入茶树菇，炒约2分钟。
4. 加盐、生抽、鸡粉、料酒，炒匀调味；淋入水淀粉勾芡即可。

小·贴士

鳝鱼含有蛋白质、卵磷脂、维生素A、铜、磷等营养成分，具有益智健脑、保护视力、增强免疫力、益气补血等功效。

翠衣炒鳝片

➤

 原料 ● READY

鳝鱼150克，西瓜片200
克，蒜片、姜片、葱
段、红椒圈各少许

调料

生抽5毫升，料酒8毫
升，盐2克，鸡粉2克，
食用油少许

 做法 ● HOW TO MAKE

1. 西瓜片切成薄片；鳝鱼用刀斩断筋
   骨，切成段。
2. 热锅注油，倒入蒜片、姜片、葱段，
   翻炒爆香；倒入西瓜片、鳝鱼，快速
   翻炒。
3. 淋入料酒，倒入西瓜片、红椒圈，快
   速炒匀。
4. 加入少许生抽、鸡粉、盐、料酒，炒
   至食材入味、熟透即可。

小·贴士

鳝鱼含有蛋白质、脂肪、灰分、钙、铁、磷
等成分，具有益气补血、清热解毒、强筋健
骨等功效。

葱干烧鳝段

原料 ● READY

鳝鱼肉120克，水芹菜20克，蒜薹50克，泡红椒20克，姜片、葱段、蒜末、花椒各少许

调料

生抽5毫升，料酒4毫升，水淀粉、豆瓣酱、食用油各适量

做法 ● HOW TO MAKE

1. 蒜薹切长段；水芹菜切段；鳝鱼切花刀，用斜刀切成段。
2. 锅中注水烧开，倒入鳝鱼段，余煮至变色，捞出。
3. 用油起锅，倒入姜片、葱段、蒜末、花椒，爆香；放入鳝鱼段、泡红椒，炒匀。
4. 加生抽、料酒、豆瓣酱，炒香；倒入水芹菜、蒜薹，炒至断生；淋入水淀粉勾芡即可。

小·贴士

鳝鱼含有蛋白质、卵磷脂、维生素A、钙、铁、磷等营养成分，具有增强记忆力、保护视力、益气补血、排毒养颜、润肠通便等功效。

绿豆芽炒鳝丝

原料 ● READY

绿豆芽40克，鳝鱼90克，青椒、红椒各30克，姜片、蒜末、葱段各少许

调料

盐3克，鸡粉3克，料酒6毫升，水淀粉、食用油各适量

做法 ● HOW TO MAKE

1. 红椒、青椒洗净，切开，去籽，切丝，待用。
2. 鳝鱼切成段，改切成丝，装碗，加鸡粉、盐、料酒、水淀粉、食用油，拌匀，腌渍10分钟。
3. 用油起锅，放入姜片、蒜末、葱段，爆香；放入青椒、红椒，炒匀；倒入鳝鱼丝，翻炒匀。
4. 淋入料酒，炒香；放入绿豆芽，加盐、鸡粉，炒匀调味；淋入水淀粉勾芡即可。

小·贴士

鳝鱼含有的脑黄金（DHA）、卵磷脂是构成人体各器官组织细胞膜的主要成分，而且是脑细胞不可缺少的营养成分，有健脑益智、增强记忆力的作用。

酱炖泥鳅

原料 ● READY

净泥鳅350克，黄豆酱20克，姜片、葱段、蒜片各少许，辣椒酱12克，干辣椒8克，啤酒160毫升

调料

盐2克，水淀粉、芝麻油、食用油各适量

做法 ● HOW TO MAKE

1. 用油起锅，倒入泥鳅，煎出香味，盛出，待用。
2. 锅留底油烧热，撒上姜片、葱白，倒入蒜片，爆香；放入干辣椒，炒香；放入黄豆酱、辣椒酱，炒出香辣味。
3. 注入啤酒，倒入煎过的泥鳅，加盐，炒匀，盖上盖，转小火煮约15分钟。
4. 揭盖，倒入葱叶，用水淀粉勾芡，滴入少许芝麻油，炒至汤汁收浓即可。

小·贴士

泥鳅含有维生素A、维生素B$_1$、维生素B$_2$、钙、磷、铁等营养成分，具有补中益气、养肾生精等功效。

168

蒜苗炒泥鳅

 原料●READY

泥鳅200克，蒜苗60克，红椒35克

调料

盐3克，鸡粉3克，生粉50克，料酒8毫升，生抽4毫升，水淀粉、食用油各适量

 做法●HOW TO MAKE

1. 蒜苗洗净，切段；红椒洗净切开，去籽，切成圈。
2. 泥鳅装碗，加料酒、生抽、盐、鸡粉，拌匀；加入生粉，抓匀。
3. 锅中注油烧至六成热，放入泥鳅，炸至酥脆，捞出。
4. 锅底留油，放入蒜苗、红椒，炒香；倒入泥鳅，翻炒片刻；加料酒、生抽、盐、鸡粉、水淀粉炒匀即可。

小·贴士

泥鳅蛋白质含量较高，而脂肪含量较低，且多为不饱和脂肪酸，有利于抗衰老，降低血液黏稠度，具有降脂降压的作用，尤其适合中老年人食用。

蒜烧泥鳅

原料 • READY

泥鳅270克，蒜瓣35克，红椒圈、葱段各少许

调料

盐少许，鸡粉2克，老抽、生抽、料酒各少许，水淀粉、食用油各适量

做法 • HOW TO MAKE

1. 泥鳅装碗，加盐，拌匀，切去头部，挤出内脏，清理干净。
2. 锅中注入水烧开，放入蒜瓣，煮1分钟，捞出。
3. 热锅注入油，烧至四成热，倒入蒜瓣，炸至金黄色，捞出；倒入泥鳅，炸2分钟，捞出。
4. 锅中注油烧热，倒入蒜瓣、泥鳅、料酒，炒匀；加清水、盐、鸡粉、老抽、生抽，煮10分钟；放葱段、红椒，淋入水淀粉勾芡即可。

小·贴士

泥鳅含有蛋白质、不饱和脂肪酸、B族维生素、铁、磷、钙等营养成分，具有益智健脑、增强免疫力等功效。

葱姜炒蛏子

 原料 • READY

蛏子300克，姜片、葱段
各少许，彩椒丝适量

调料

盐2克，鸡粉2克，料酒8
毫升，生抽4毫升，水淀
粉5毫升，食用油适量

 做法 • HOW TO MAKE

1. 锅中注入适量清水烧开，倒入蛏子，
   略煮一会儿，捞出，去除蛏子壳，挑
   去沙线，备用。
2. 热锅注油，倒入姜片、葱段、彩椒
   丝，爆香。
3. 倒入余过水的蛏子肉，加入少许盐、
   鸡粉。
4. 淋入适量生抽、料酒，倒入少许水淀
   粉，翻炒至食材入味即可。

小·贴士

蛏子含有蛋白质、维生素A、钙、铁、硒等
营养成分，具有开胃消食、增强免疫力、清
热解毒等功效。

韭黄炒牡蛎

原料●READY

牡蛎肉400克，韭黄200克，彩椒50克，姜片、蒜末、葱花各少许

调料

生粉15克，生抽8毫升，鸡粉、盐、料酒、食用油各适量

做法●HOW TO MAKE

1. 韭黄切段；彩椒切条；牡蛎肉装碗，加料酒、鸡粉、盐、生粉，拌匀。
2. 锅中注水烧开，倒入牡蛎，略煮片刻，捞出。
3. 热锅注油烧热，放入姜片、蒜末、葱花，爆香；倒入牡蛎，翻炒均匀；淋入生抽、料酒，炒匀提味。
4. 放入彩椒，翻炒匀；倒入韭黄段，炒匀；加鸡粉、盐，炒匀调味即可。

小·贴士

牡蛎含有蛋白质、肝糖原、牛磺酸、维生素、钙、锌等营养成分，具有保肝利胆、滋阴益血、美容养颜、宁心安神、益智健脑等功效。

扇贝肉炒芦笋

 原料 ●READY

芦笋95克，红椒40克，
扇贝肉145克，红葱头55
克，蒜末少许

调料

盐2克，鸡粉1克，胡椒
粉2克，水淀粉、花椒油
各5毫升，料酒10毫升，
食用油适量

 做法 ●HOW TO MAKE

1. 芦笋斜刀切段；红椒切小丁；红葱头
   切片。
2. 沸水锅中加入盐、食用油，倒入芦
   笋，汆煮至断生，捞出。
3. 用油起锅，倒入蒜末、红葱头，炒
   香；放入扇贝肉，炒匀；淋入料酒，
   炒匀。
4. 倒入芦笋、红椒丁，炒匀；加盐、鸡
   粉、胡椒粉、水淀粉炒匀勾芡；淋入
   花椒油，炒至入味即可。

小·贴士

芦笋富含膳食纤维和维生素C、维生素E，
有抗氧化、防衰老、润肠通便、排毒养颜的
作用，非常适合女性使用。

173

油淋小鲍鱼

 原料 ● READY

鲍鱼120克，红椒10克，
花椒4克，姜片、蒜末、
葱花各少许

调料

盐2克，鸡粉1克，料酒、
生抽、食用油各适量

 做法 ● HOW TO MAKE

1. 鲍鱼肉两面切上花刀；红椒洗净切开，
   去籽，切成小丁，待用。
2. 锅中注入适量清水烧开，倒入料酒，放
   入鲍鱼肉、鲍鱼壳，加盐、鸡粉，煮
   去腥味，捞出。
3. 油锅爆香姜片、蒜末；加入清水、生
   抽、盐、鸡粉，倒入鲍鱼肉，煮片
   刻；拣出壳，放入鲍鱼肉，点缀上红
   椒、葱花。
4. 另起锅，注入少许食用油烧热；放入花
   椒，爆香；淋在鲍鱼肉上即可。

小贴士

鲍鱼含有蛋白质、维生素A、B族维生素、
钙、铁、碘等营养成分，具有滋阴壮阳、止
渴解渴、调经止痛、清热润燥等功效。

醋香芹菜蜇皮

原料 ● READY

海蜇皮250克，芹菜150克，香菜、蒜末各少许

调料

生抽5毫升，陈醋5毫升，辣椒油4毫升，白糖2克，芝麻油5毫升，盐、食用油各适量

做法 ● HOW TO MAKE

1. 芹菜清洗干净，切成段，待用。
2. 锅中注水烧开，倒入海蜇皮，煮至断生，捞出。
3. 沸水中加少许盐、食用油，倒入芹菜，焯煮片刻，捞出装盘，待用。
4. 取一个碗，倒入海蜇皮、蒜末，放入生抽、陈醋、白糖、芝麻油、辣椒油，拌匀；倒入香菜，搅拌片刻，倒在芹菜上即可。

小·贴士

芹菜含有碳水化合物、膳食纤维、胡萝卜素、B族维生素、钙、钾等成分，具有平肝清热、祛风利湿、除烦消肿等功效。

老虎菜拌海蜇皮

①

②

③

④

 原料 ● READY

海蜇皮250克，黄瓜200克，青椒50克，红椒60克，洋葱180克，西红柿150克，香菜少许

调料

生抽5毫升，陈醋5毫升，白糖3克，芝麻油3毫升，辣椒油3毫升

做法 ● HOW TO MAKE

1. 洗净的西红柿切片；洗净的黄瓜切丝；洗净的青椒、红椒切开去籽，切成丝；处理好的洋葱切成丝。
2. 锅中注水烧开，倒入海蜇皮，搅匀汆煮片刻，捞出。
3. 将海蜇皮装入碗中，淋入生抽、陈醋，加入少许白糖、芝麻油、辣椒油，倒入香菜，拌入味。
4. 取一个盘子，摆上西红柿、洋葱、黄瓜、青椒、红椒，倒入海蜇皮即可。

 小·贴士

海蜇皮含有蛋白质、烟酸、B族维生素、核黄素等成分，具有清热化痰、消积化滞、润肠通便等功效。

Part 5

蔬菜篇

　　蔬菜是人们日常饮食中不可缺少的食物之一，可以为人体提供身体必需的多种维生素和矿物质，这是其他食物所无法比拟的。蔬菜中富含膳食纤维，能够帮助人体清理体内的"垃圾"。

白菜梗拌胡萝卜丝

 原料 ●READY

白菜梗120克，胡萝卜200克，青椒35克，蒜末、葱花各少许

调料

盐3克，鸡粉2克，生抽3毫升，陈醋6毫升，芝麻油适量

 做法 ●HOW TO MAKE

1. 白菜梗洗净切粗丝；胡萝卜洗净切细丝；青椒洗净切成丝。
2. 锅中注水烧开，加少许盐，倒入胡萝卜丝，煮1分钟；放入白菜梗、青椒，搅散，再煮半分钟，捞出，沥干待用。
3. 把焯煮好的食材装入碗中，加盐、鸡粉、生抽、陈醋、芝麻油、蒜末、葱花，搅拌至食材入味。
4. 取一个干净的盘子，盛入拌好的材料即成。

·小·贴士

胡萝卜含有胡萝卜素、维生素B$_1$、维生素B$_2$、钙、铁等营养成分，有补益脾胃、补血强身等功效。

胡萝卜鸡肉茄丁

原料 ● READY

去皮茄子100克，鸡胸肉200克，去皮胡萝卜95克，蒜片、葱段各少许

调料

盐2克，白糖2克，胡椒粉3克，蚝油5克，生抽、水淀粉各5毫升，料酒10毫升，食用油适量

做法 ● HOW TO MAKE

1. 茄子洗净，切丁；胡萝卜洗净，切丁。
2. 鸡胸肉切丁，加盐、料酒、水淀粉、食用油，腌渍10分钟，下油锅炒至转色，盛出装盘。
3. 另起锅注油，倒入胡萝卜丁、葱段、蒜片、茄子丁，炒匀；加入料酒、清水、盐，搅匀，大火焖5分钟。
4. 揭盖，倒入鸡肉丁，加蚝油、胡椒粉、生抽、白糖，炒至入味即可。

小·贴士

鸡肉中含有优质蛋白质和丰富的维生素P，以及钙、磷、铁等营养成分，而且脂肪含量比较低，具有延缓衰老、清热解毒、降低胆固醇含量、降血压等功效。

胡萝卜凉薯片

 原料 ●READY

去皮凉薯200克，去皮胡萝卜100克，青椒25克

调料

盐、鸡粉各1克，蚝油5克，食用油适量

 做法 ●HOW TO MAKE

1. 凉薯洗净切片；胡萝洗净切薄片；青椒洗净切成块，备用。
2. 热锅注油，倒入胡萝卜，炒匀；放入凉薯，炒至食材熟透。
3. 倒入青椒，炒匀；加盐、鸡粉，炒匀。
4. 注入少许清水，炒匀；放入蚝油，炒至入味即可。

小·贴士

胡萝卜含有胡萝卜素、钾、钙等营养物质，具有滋润肌肤、抗衰老、保护视力、帮助改善夜盲症等功效。

胡萝卜丝炒豆芽

原料 ●READY

胡萝卜150克，黄豆芽120克，彩椒40克，葱、蒜蓉、姜丝各少许

调料

盐3克，味精、白糖、料酒、水淀粉、食用油各适量

做法 ●HOW TO MAKE

1. 胡萝卜、彩椒洗净切细条；葱洗净切段。
2. 锅注水烧热，加少许盐、食用油，倒入胡萝卜丝，拌煮片刻；再放入黄豆芽、彩椒丝，煮至断生，捞出。
3. 另起锅，注油烧热，入姜丝、葱段、蒜蓉爆香。
4. 放入焯煮好的食材，翻炒匀；加盐、白糖、味精、料酒，炒至入味；用水淀粉勾芡即可。

小·贴士

胡萝卜营养丰富，含较多的胡萝卜素、膳食纤维等营养物质，对人体具有多方面的保健功能，因此被誉为"小人参"。胡萝卜还含有大量的植物纤维，可加强肠道的蠕动，具有促进消化、通便的作用。

豌豆胡萝卜牛肉粒

 原料 ● READY

牛肉260克，彩椒20克，豌豆300克，姜片少许

调料

盐2克，鸡粉2克，料酒3毫升，食粉2克，水淀粉10毫升，食用油适量

做法 ● HOW TO MAKE

1. 彩椒切丁；牛肉切粒，装碗，加盐、料酒、食粉、水淀粉、食用油，拌匀，腌渍15分钟。

2. 锅中注水烧开，倒入豌豆，加盐、食用油，煮1分钟；倒入彩椒，煮至断生，捞出。

3. 热锅注油，烧至四成热，倒入牛肉，炒至转色，盛出，待用。

4. 用油起锅，放入姜片，爆香；倒入牛肉，炒匀；淋入料酒，炒香；倒入焯过水的食材，炒匀；加盐、鸡粉、料酒、水淀粉，炒匀即可。

小·贴士

牛肉含有蛋白质、维生素A、B族维生素、钙、磷、铁、钾、硒等营养成分，具有补中益气、滋养脾胃、强健筋骨、养肝明目、止渴止涎等功效。

彩椒木耳炒百合

原料 ●READY

鲜百合50克，水发木耳55克，彩椒50克，姜片、蒜末、葱段各少许

调料

盐3克，鸡粉2克，料酒2毫升，生抽2毫升，水淀粉、食用油各适量

做法 ●HOW TO MAKE

1. 彩椒洗净切小块；木耳洗净切成小块。
2. 锅中注水烧开，加少许盐，放入木耳、彩椒、百合，煮至断生，捞出。
3. 用油起锅，放入姜片、蒜末、葱段，爆香；倒入焯好的食材，淋入适量料酒，翻炒均匀。
4. 加生抽、盐、鸡粉，炒匀调味；淋入水淀粉勾芡，炒匀即可。

小·贴士

百合含有百合苷、钙、磷、铁及维生素等营养物质，有润肺止咳、清心安神之功效，还能提高机体的免疫力。

山药木耳炒核桃仁

 原料 ● READY

山药90克，水发木耳40克，西芹50克，彩椒60克，核桃仁30克，白芝麻少许

调料

盐3克，白糖10克，生抽3毫升，水淀粉4毫升，食用油适量

 做法 ● HOW TO MAKE

1. 山药洗净切片；木耳、彩椒、西芹洗净，分别切成小块，备用。
2. 锅中注水烧开，加盐、食用油，倒入山药、木耳、西芹、彩椒，煮至断生，捞出，备用。
3. 用油起锅，倒入核桃仁炸香，捞出放入盘中，与白芝麻拌均匀；锅底留油，加白糖，倒入核桃仁炒匀；盛出装碗，撒上白芝麻，拌匀。
4. 热锅注油，倒入焯过水的食材，翻炒匀；加盐、生抽、白糖，炒匀调味；淋入水淀粉勾芡；盛出装盘，放上核桃仁即可。

小·贴士

黑木耳含有木耳多糖、维生素K、钙、磷、铁及磷脂、烟酸等营养成分，能抑制血小板凝结，减少血液凝块，预防血栓的形成，对高血压有食疗作用。

川味烧萝卜

 原料 ●READY

白萝卜400克，红椒35克，白芝麻4克，干辣椒15克，花椒5克，蒜末、葱段各少许

调料

盐2克，鸡粉1克，豆瓣酱2克，生抽4毫升，水淀粉、食用油各适量

 做法 ●HOW TO MAKE

1. 白萝卜洗净，切成条形；红椒洗净，斜切成圈。
2. 用油起锅，倒入花椒、干辣椒、蒜末，爆香；放入白萝卜条，炒匀；加入豆瓣酱、生抽、盐、鸡粉，炒至熟软。
3. 注入适量清水，炒匀，盖上盖，烧开后用小火煮约10分钟。
4. 揭盖，放入红椒圈，炒至断生；用水淀粉勾芡，撒上葱段，炒香；盛出装盘，撒上白芝麻即可。

小·贴士

白萝卜含有维生素C、芥子油等营养成分，具有清热生津、消食化滞、升胃健脾、顺气化痰等功效。

榨菜炒白萝卜丝

原料 • READY

榨菜头120克，白萝卜200克，红椒40克，姜片、蒜末、葱段各少许

调料

盐2克，鸡粉2克，豆瓣酱10克，水淀粉、食用油各适量

做法 • HOW TO MAKE

1. 白萝卜洗净，切成丝；榨菜头洗净，切成丝；红椒洗净，切成丝。
2. 锅中注水烧开，加食用油、盐，倒入榨菜丝，煮半分钟；倒入白萝卜丝，再煮1分钟，捞出，沥干待用。
3. 锅中注油烧热，放入姜片、蒜末、葱段、红椒丝，爆香。
4. 倒入榨菜丝、白萝卜丝，炒匀；加鸡粉、盐、豆瓣酱，炒匀调味；倒入水淀粉勾芡即可。

小贴士

白萝卜含有较多的钾，有助于身体排出多余的钠，从而有利于预防高血压。白萝卜还含有香豆酸等活性成分，能降血糖和胆固醇，促进脂肪代谢，适合糖尿病和肥胖症患者食用。

萝卜干炒杭椒

 原料 ● READY

萝卜干200克，青椒80克，蒜末、葱段各少许

调料

鸡粉2克，豆瓣酱15克，盐、食用油各适量

 做法 ● HOW TO MAKE

1. 萝卜干洗净切粒；青椒洗净，去籽，切粒。
2. 锅中注水烧开，倒入萝卜干，煮去多余的盐分，捞出，沥干待用。
3. 用油起锅，倒入切好的蒜末、葱段、青椒，爆香。
4. 放入萝卜干，快速炒匀；加入豆瓣酱、盐、鸡粉，炒匀调味即可。

小·贴士

萝卜干含有含硫化合物、挥发油、钙、磷、铁等营养成分，具有理气、通便、改善食欲等功效。

川味酸辣黄瓜条

原料 • READY

黄瓜150克，红椒40克，泡椒15克，花椒3克，姜片、蒜末、葱段各少许

调料

白糖3克，辣椒油3毫升，盐2克，白醋4毫升，食用油适量

做法 • HOW TO MAKE

1. 黄瓜洗净，切条；红椒洗净，切丝；泡椒洗净，去蒂，切开。
2. 锅中注水烧开，加食用油，倒入黄瓜条，略煮后捞出，备用。
3. 用油起锅，倒入姜片、蒜末、葱段、花椒，爆香；倒入红椒丝、泡椒，炒匀。
4. 放入黄瓜条，加白糖、辣椒油、盐、白醋，炒匀调味即可。

小·贴士

黄瓜具有除湿、利尿、降脂、镇痛、促消化的功效。黄瓜中丰富的纤维素能促进肠内腐败食物排泄，对肥胖者和高血压、高血脂患者有利。

黄瓜拌油条

 原料 • READY

黄瓜200克，红椒10克，
油条50克，蒜末少许

调料

盐2克，白糖2克，陈醋
10毫升，鸡粉2克，辣椒
油6毫升

 做法 • HOW TO MAKE

1. 黄瓜洗净，去瓤，再切成小段，备用。
2. 将备好的红椒洗净，切成圈，备用。
3. 取备好的油条，将油条切成小块。
4. 取一个碗，倒入黄瓜、蒜末，放入油
   条、红椒，加盐、白糖、陈醋、鸡粉、
   辣椒油，拌匀即可。

①

②

③

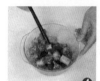
④

小·贴士

黄瓜含有蛋白质、碳水化合物、胡萝卜素、
B族维生素、钙、磷、铁等营养成分，具有
清热利水、解毒消肿、生津止渴等功效。

酱烧黄瓜卷

 原料 ● READY

黄瓜260克，黄豆酱25克，红椒圈、蒜末各少许

调料

鸡粉3克，白糖4克，盐2克，清水、食用油各适量

 做法 ● HOW TO MAKE

1. 黄瓜洗净，切薄片，放入盘中，撒上适量盐，腌渍10分钟。

2. 用油起锅，倒入蒜末、红椒圈，爆香；倒入黄豆酱，炒匀。

3. 注入清水，加鸡粉、白糖，炒匀；倒入水淀粉勾芡；关火后盛出调味汁，装入碗中，备用。

4. 将腌渍好的黄瓜片卷成卷，串在竹签上，制成黄瓜卷，摆放在盘中，浇上调味汁即可。

小·贴士

黄瓜含有膳食纤维、维生素C、磷、铁等营养成分，具有清热利水、解毒消肿、生津止渴、降血糖等功效。

金钩黄瓜

 原料 • READY

黄瓜220克，红椒35克，
虾米30克，姜片、蒜
末、葱段各少许

调料

盐2克，鸡粉2克，蚝油5
克，料酒4毫升，水淀粉
3克，食用油适量

 做法 • HOW TO MAKE

1. 黄瓜去皮，切小块；红椒切小块。
2. 用油起锅，放入姜片、蒜末、葱段，
   爆香。
3. 倒入虾米炒匀，淋入料酒炒香，放入
   黄瓜、红椒，炒匀，加少许清水，炒
   至食材熟软。
4. 加盐、鸡粉、蚝油，炒匀调味，倒入
   水淀粉勾芡，炒匀即可。

小·贴士

黄瓜中含有维生素B_1和维生素B_2，可以防止
口角炎、唇炎，对改善大脑和神经系统功能
有利，能安神定志，还能提高人体免疫的功
能，儿童宜多食。

咸蛋黄炒黄瓜

 原料 • READY

黄瓜160克，彩椒12克，熟蛋黄60克，高汤70毫升

调料

盐、胡椒粉各少许，鸡粉2克，水淀粉、食用油各适量

做法 • HOW TO MAKE

1. 黄瓜切开，去瓤，斜刀切段；彩椒切菱形片；咸蛋黄切小块。
2. 用油起锅，倒入黄瓜、彩椒片，炒匀，注入适量高汤，放入蛋黄，炒匀。
3. 盖上盖，用小火焖约5分钟，至食材熟透。
4. 揭盖，加盐、鸡粉、胡椒粉，炒匀调味，淋入水淀粉勾芡即可。

小·贴士

黄瓜含有维生素C、碳水化合物、钙、铁、镁、磷、钾等营养成分，具有美容养颜、减肥、清热解毒等功效。

川香豆角

 原料 • READY

豆角350克，蒜末5克，
干辣椒3克，花椒8克，
白芝麻10克

调料

盐2克，鸡粉3克，蚝
油、食用油各适量

 做法 • HOW TO MAKE

1. 将洗净的豆角切成小段，备用。
2. 用油起锅，倒入蒜末、花椒、干辣椒，
   爆香。
3. 加入豆角，炒匀，倒入少许清水，翻炒
   至熟。
4. 加盐、蚝油、鸡粉，翻炒至入味；盛出
   装盘，撒上白芝麻即可。

小·贴士

豆角含有膳食纤维、碳水化合物、水、维生
素A、维生素C、维生素E及钙、钠、铁等营
养成分，具有益气补血、解渴健脾、益肝补
肾等功效。

酱香菜花豆角

 原料 ●READY

花菜270克，豆角380克，熟五花肉200克，洋葱100克，青彩椒50克，红彩椒60克，豆瓣酱40克，姜片少许

调料

盐、鸡粉各1克，水淀粉5毫升，食用油适量

 做法 ●HOW TO MAKE

1. 洋葱洗净，切块；青彩椒、红椒洗净，切菱形片；熟五花肉切片；豆角洗净，切小段；花菜洗净，去梗，剩余部分切小块。
2. 沸水锅中倒入花菜，焯煮片刻；放入豆角，煮至断生，捞出，沥干水分。
3. 起锅注油，倒入五花肉，拨散；放入姜片，炒至油脂析出；放入豆瓣酱，炒匀。
4. 倒入花菜、豆角，炒匀；加盐、鸡粉，注入清水，炒匀；倒入青红彩椒、洋葱，炒至熟软；淋入水淀粉勾芡即可。

小·贴士

花菜含有膳食纤维、胡萝卜素、维生素C、钙、磷等营养物质，具有抗癌防癌、促进食欲等功效。

肉末芽菜煸豆角

 原料●READY

肉末300克，豆角150克，芽菜120克，红椒20克，蒜末少许

调料

盐2克，鸡粉2克，豆瓣酱10克，生抽适量，食用油适量

 做法●HOW TO MAKE

1. 豆角洗净切小段；红椒洗净切小块。
2. 锅中注水烧开，加食用油、盐，倒入豆角段，煮至断生，捞出。
3. 用油起锅，倒入肉末，炒至变色；加入生抽，略炒；放入豆瓣酱，炒匀；加入蒜末，炒香。
4. 倒入豆角、红椒，炒香；放入芽菜，用中火炒匀；加盐、鸡粉调味即可。

小·贴士

猪肉含有全面的必需氨基酸、维生素B_1、维生素B_2、磷脂、烟酸等营养成分，具有理中益气、补肾健胃、增强免疫力、和五脏、生精髓等功效。

土豆炖油豆角

 原料 • READY

土豆300克，油豆角200克，红椒40克，蒜末、葱段各少许

调料

豆瓣酱15克，盐2克，鸡粉2克，生抽5毫升，老抽3毫升，水淀粉5毫升，食用油适量

 做法 • HOW TO MAKE

1. 油豆角洗净切段；去皮的土豆洗净，切成丁；红椒洗净，切小块。
2. 热锅注油，烧至五成热，倒入土豆，炸至金黄色，捞出，沥干油。
3. 锅底留油，放入蒜末、葱段爆香，倒入油豆角炒至转色，放入土豆炒匀，加水、豆瓣酱、盐、鸡粉、生抽、老抽，炒匀调味。
4. 盖上盖，小火焖5分钟；揭盖，加入红椒，炒匀；盖上盖，略焖片刻；大火收汁，淋入水淀粉勾芡即可。

小·贴士

油豆角含有氨基酸、膳食纤维及多种维生素、矿物质，其所含的氨基酸比例比较合理，有利于人体消化吸收，能促进身体发育、增强免疫力。

虾仁炒豆角

 原料●READY

虾仁60克，豆角150克，红椒10克，姜片、蒜末、葱段各少许

调料

盐3克，鸡粉2克，料酒4毫升，水淀粉、食用油各适量

 做法●HOW TO MAKE

1. 豆角洗净，切段；红椒洗净，切条；虾仁洗净，去除虾线，放在碗中，加盐、鸡粉、水淀粉、食用油，腌渍10分钟。
2. 锅中注水烧开，加食用油、盐，倒入豆角，煮至断生，捞出。
3. 用油起锅，放入姜片、蒜末、葱段，爆香；倒入红椒、虾仁，翻炒几下；淋入料酒，炒至变色。
4. 倒入豆角，翻炒匀；加鸡粉、盐，炒匀调味；注入少许清水，收拢食材，略煮一会儿；淋入水淀粉勾芡，盛出即可。

小·贴士

常吃豆角能使人头脑清晰，有解渴健脾、益气生津的功效。此外，豆角还含有维生素C，有极好的抗氧化的作用，常食能延缓衰老、美容养颜。

鸳鸯豆角

原料 ● READY

豆角120克，酸豆角100克，肉末35克，剁椒酱15克，红椒20克，泡小米椒12克，蒜末、姜末、葱花各少许

调料

盐2克，鸡粉少许，料酒4毫升，水淀粉、食用油各适量

做法 ● HOW TO MAKE

1. 豆角洗净，切长段；泡小米椒切小段；红椒洗净，切条；酸豆角洗净，切长段。
2. 锅中注水烧开，倒入豆角，煮至断生后捞出；再倒入酸豆角，煮去多余盐分，捞出。
3. 用油起锅，倒入肉末，炒至转色；倒入蒜末、姜末、葱花，炒香；倒入泡小米椒，放入剁椒酱，炒香。
4. 注入少许清水，倒入焯过水的材料，撒上红椒条，炒匀；淋入料酒，加盐、鸡粉调味，淋入水淀粉勾芡，盛出即可。

小·贴士

豆角含有植物B族维生素、维生素C以及皂苷、血球凝集素等营养素，有清醒头脑、解渴健脾、益气生津等功效。

鱼香茄子烧四季豆

 原料 ●READY

茄子160克，四季豆120克，肉末65克，青椒20克，红椒15克，姜末、蒜末、葱花各少许

调料

鸡粉2克，生抽3毫升，料酒3毫升，陈醋7毫升，水淀粉、豆瓣酱、食用油各适量

 做法 ●HOW TO MAKE

1. 青椒洗净切条形；红椒洗净切条；茄子洗净切条；四季豆洗净切长段。
2. 热锅注油，烧至六成热，倒入四季豆，炸1分钟，捞出，沥干油；倒入茄子，炸至变软，捞出后焯水，捞出，沥干水分。
3. 用油起锅，倒入肉末炒匀；放入姜末、蒜末、豆瓣酱炒匀；倒入青椒、红椒炒匀；加水、鸡粉、生抽、料酒炒匀。
4. 倒入茄子、四季豆，炒匀，中小火焖5分钟至熟；加陈醋、水淀粉，炒至入味，盛出装盘，撒上葱花即可。

小·贴士

茄子具有活血化瘀、清热消肿、宽肠之效，适用于肠风下血、热毒疮痈、皮肤溃疡等。茄子还含有黄酮类化合物，具有抗氧化功能。

葱椒莴笋

原料 ● READY

莴笋200克，红椒30克，葱段、花椒、蒜末各少许

调料

盐4克，鸡粉2克，豆瓣酱10克，水淀粉8毫升，食用油适量

做法 ● HOW TO MAKE

1. 去皮的莴笋洗净，用斜刀切成段，再切成片；红椒洗净，切小块。
2. 锅中注水烧开，倒入食用油、盐，放入莴笋片，煮至八成熟，捞出，沥干水分。
3. 用油起锅，放入红椒、葱段、蒜末、花椒，爆香。
4. 倒入焯过水的莴笋，翻炒匀；加豆瓣酱、盐、鸡粉，炒匀调味；淋入水淀粉勾芡即可。

小·贴士

莴笋含有膳食纤维、钙、磷、铁、胡萝卜素等多种营养成分，具有利五脏、通经脉、清胃热等功效。其含钾量较高，有利于促进排尿，减少对心房的压力，对高血压和心脏病患者有益。

蒜苗炒莴笋

原料 • READY

蒜苗50克，莴笋180克，彩椒50克

调料

盐3克，鸡粉2克，生抽、水淀粉、食用油各适量

做法 • HOW TO MAKE

1. 蒜苗洗净切段；彩椒洗净切丝；去皮的莴笋洗净，切成丝。
2. 锅中注水烧开，加食用油、盐，倒入莴笋丝，煮至断生，捞出。
3. 用油起锅，放入蒜苗，炒香；倒入莴笋丝，翻炒匀；放入彩椒，炒匀。
4. 加盐、鸡粉、生抽，炒匀调味；倒入适量水淀粉勾芡即可。

小·贴士

莴笋含有矿物质、维生素、锌、铁等营养成分，具有利尿、降低血压、预防心律紊乱的作用。莴笋还含有丰富的膳食纤维，有助于减肥瘦身、通便。

鱼香笋丝

原料●READY

竹笋200克，红椒5克，蒜苗20克，红椒末、葱花、姜末、蒜末各少许，豆瓣酱10克

调料

盐2克，鸡粉2克，白糖3克，陈醋4毫升，水淀粉4毫升，食用油适量

做法●HOW TO MAKE

1. 去皮的竹笋洗净，切条；蒜苗洗净，切段；红椒洗净，切条。
2. 锅中注水烧开，倒入笋条，略煮去涩味，捞出，沥干水分。
3. 热锅注油，倒入蒜末、葱花、姜末、红椒末，爆香；加入豆瓣酱，炒香。
4. 放入红椒、笋条，炒匀；撒上蒜苗，加盐、白糖、鸡粉、陈醋、水淀粉，炒至食材入味即可。

·小·贴士

竹笋具有清热化痰、益气和胃、治消渴、利水道、利膈爽胃、帮助消化、去食积、防便秘等功效。另外，竹笋含脂肪、淀粉很少，属天然低脂、低热量食品，是肥胖者减肥的佳品。

捣茄子

 原料 ●READY

茄子200克，青椒40克，红椒45克，蒜末、葱花各少许

调料

生抽8毫升，番茄酱15克，陈醋5毫升，芝麻油2毫升，盐、食用油各适量

 做法 ●HOW TO MAKE

1. 茄子洗净去皮，切成条；青椒、红椒洗净，切去蒂。
2. 热锅注油，烧至三四成热，放入青椒、红椒，炸至虎皮状，捞出，沥干油。
3. 蒸锅上火烧开，放入茄子，盖上盖，大火蒸15分钟，取出茄子，放凉待用。
4. 将青椒、红椒装入碗中，用木臼棒捣碎；加入茄子、蒜末，继续捣碎；加生抽、盐、番茄酱、陈醋、芝麻油，搅拌至食材入味即可。

小·贴士

茄子含有维生素及多种矿物质，具有清热活血、消肿止痛、增强免疫力等功效。茄子皮中的抗氧化物质含量很高，能帮助预防、淡化色斑，预防老年斑的形成。

豆瓣茄子

原料 ●READY

茄子300克，红椒40克，姜末、葱花各少许

调料

盐、鸡粉各2克，生抽、水淀粉各5毫升，豆瓣酱15克，食用油适量

做法 ●HOW TO MAKE

1. 去皮的茄子洗净，切成条；红椒洗净，切成粒。
2. 热锅注油，烧至四成热，放入茄子，炸至金黄色，捞出，沥干油。
3. 锅底留油，放入姜末、红椒，用大火炒香；倒入豆瓣酱，炒匀。
4. 放入茄子，加入清水，翻炒匀；加盐、鸡粉、生抽，炒匀；淋入水淀粉勾芡；盛出装碗，撒上葱花即可。

小·贴士

茄子含有维生素C、维生素P、膳食纤维、黄酮、多糖等营养成分和抗氧化物质，具有清热活血、美容、抗衰老、保护血管等作用。

黑椒豆腐茄子煲

 原料 • READY

茄子160克，日本豆腐200克，蒜片少许

调料

盐、黑胡椒粉各2克，鸡粉3克，生抽、老抽各3毫升，水淀粉、蚝油、食用油各适量

 做法 • HOW TO MAKE

1. 茄子洗净，切段；日本豆腐洗净，切块。
2. 热锅注油，烧至六成热，倒入茄子，炸至微黄色，捞出，沥干油，待用。
3. 用油起锅，倒蒜片爆香；加水、盐、生抽、老抽、蚝油、鸡粉、黑胡椒粉，炒匀；倒入茄子、日本豆腐，煮入味，加水淀粉勾芡。
4. 将食材盛入砂锅中，小火焖10分钟，最后放入罗勒叶、枸杞做装饰即可。

小·贴士

茄子含有碳水化合物、膳食纤维、多种维生素、钙、磷、铁、钾等营养成分，具有降低血压、延缓衰老、抗辐射等功效，常吃茄子还能减少黄褐斑、老年斑的生成。

酱焖茄子

🌶️ 原料●READY

茄子180克，红椒15克，黄豆酱40克，姜末、蒜末、葱花各少许

调料

盐2克，鸡粉2克，白糖4克，蚝油15克，水淀粉5毫升，食用油适量

🍲 做法●HOW TO MAKE

1. 茄子洗净，切成条，再切上花刀；红椒洗净，切成块，备用。
2. 热锅注油烧热，放入茄子，炸至金黄色，捞出，沥干油。
3. 锅底留油，放入姜末、蒜末、红椒，爆香；加入备好的黄豆酱，炒匀；倒入少许清水，放入炸好的茄子，翻炒片刻。
4. 加蚝油、鸡粉、盐，翻炒一会儿；放入白糖，炒匀调味；倒入水淀粉勾芡；盛出装盘，撒上葱花即可。

小·贴士

茄子含有膳食纤维、维生素及钙、磷、铁等营养成分。中医认为，茄子属于寒凉性质的食物。夏季常食，有助于清热解暑，对于易长痱子、生疮疖的人，尤为适宜。

臊子鱼鳞茄

 原料 ●READY

茄子120克，肉末45克，姜片、蒜末、葱花各少许

调料

盐3克，鸡粉少许，白糖2克，豆瓣酱6克，剁椒酱10克，生抽4毫升，陈醋6毫升，生粉、水淀粉、食用油各适量

 做法 ●HOW TO MAKE

1. 茄子切开，再切上鱼鳞花刀，装入盘中，均匀地撒上生粉，静置片刻。
2. 热锅注油，烧至五六成热，倒入茄块，中火炸至金黄色，捞出，沥干油。
3. 用油起锅，倒入肉末，炒至变色；放入蒜末、姜片，炒香；加入豆瓣酱、剁椒酱，炒出辣味。
4. 注水，淋上生抽，倒入茄块，加鸡粉、盐、白糖，炒匀，略煮至茄块变软；加陈醋调味，淋入水淀粉勾芡；盛出装盘，撒上葱花即可。

·小·贴士

茄子含有葫芦巴碱、水苏碱、胆碱、蛋白质、维生素、钙、磷、铁等营养成分，具有软化血管、降血脂、降血压、防癌抗癌等功效。

咸蛋黄茄子

 原料●READY

熟咸蛋黄5个，茄子250克，红椒10克，罗勒叶少许

调料
盐2克，鸡粉3克，食用油适量

做法●HOW TO MAKE

1. 茄子洗净切滚刀块；红椒洗净切丁；熟咸蛋黄剁成泥，备用。
2. 热锅注油，烧至六成热，倒入茄子，炸至微黄色，捞出沥干油，装盘。
3. 用油起锅，倒入熟咸蛋黄，加适量盐、鸡粉，翻炒入味。
4. 放入红椒、茄子，炒至熟；盛出装盘，放上红椒、罗勒叶做装饰即可。

 小·贴士

咸蛋黄含有蛋白质、维生素A、B族维生素、维生素D、钙、磷、铁等营养成分，具有保肝护肾、健脑益智、延缓衰老等功效。

西红柿青椒炒茄子

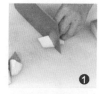

原料 ● READY

青茄子120克，西红柿95克，青椒20克，花椒、蒜末各少许

调料

盐2克，白糖、鸡粉各3克，水淀粉、食用油各适量

做法 ● HOW TO MAKE

1. 青茄子洗净，切滚刀块；西红柿洗净，切小块；青椒洗净，切小块。
2. 热锅注油，烧至三四成热，倒入茄子，中小火略炸；放入青椒块，炸出香味，一起捞出，沥干油。
3. 用油起锅，下入花椒、蒜末爆香，倒入炸过的食材、西红柿，炒出水分。
4. 加盐、白糖、鸡粉，炒匀调味，淋入水淀粉勾芡，炒匀即成。

小·贴士

茄子含有膳食纤维、维生素P、镁、铁、锌、钾等营养成分，具有改善血液循环、预防血栓、增强免疫力等功效。

西红柿炒包菜

原料●READY

西红柿120克，包菜200克，彩椒60克，蒜末、葱段各少许

调料

番茄酱10克，盐4克，鸡粉2克，白糖2克，水淀粉4毫升，食用油适量

做法●HOW TO MAKE

1. 彩椒洗净，切小块；西红柿洗净，切瓣；包菜洗净，切小块。
2. 锅中注水烧开，加少许食用油、盐，放入包菜，煮至断生，捞出。
3. 用油起锅，倒入蒜末、葱段，爆香；放入西红柿、彩椒，翻炒匀；加入包菜，翻炒片刻。
4. 加番茄酱、盐、鸡粉、白糖，炒匀调味；淋入水淀粉勾芡即可。

小·贴士

西红柿含有丰富的维生素C和可溶性膳食纤维，具有止血、降压、利尿、健胃消食、生津止渴、清热解毒、凉血平肝的功效，还能美容润肤。

红椒西红柿炒花菜

 原料 ● READY

花菜250克，西红柿120克，红椒10克

调料

盐2克，鸡粉2克，白糖4克，水淀粉6毫升，食用油适量

 做法 ● HOW TO MAKE

1. 花菜洗净切成小朵；西红柿洗净切成小瓣；红椒洗净切成片。

2. 锅中注水烧开，倒入花菜，淋入食用油，煮至断生；放入红椒，略煮一会儿，捞出。

3. 用油起锅，倒入焯过水的花菜和红椒，翻炒均匀。

4. 放入西红柿，用大火快炒；加盐、鸡粉、白糖、水淀粉，炒匀即可。

小·贴士

西红柿含有胡萝卜素、B族维生素、维生素C、钙、磷、钾、镁、铁、锌等营养成分，具有降血压、健胃消食、生津止渴、清热解毒等功效。

荷兰豆炒彩椒

原料 ●READY

荷兰豆180克，彩椒80克，姜片、蒜末、葱段各少许

调料

料酒3毫升，蚝油5克，盐2克，鸡粉2克，水淀粉3毫升，食用油适量

做法 ●HOW TO MAKE

1. 取备好的彩椒洗净，切成条，备用。
2. 锅中注水烧开，加食用油、盐，倒入荷兰豆、彩椒，煮至断生，捞出。
3. 用油起锅，放入姜片、蒜末、葱段，爆香；倒入荷兰豆、彩椒，翻炒匀。
4. 淋入料酒，加入蚝油，炒匀；加盐、鸡粉，炒匀调味；淋入水淀粉勾芡即可。

小·贴士

荷兰豆含维生素C，不仅能抗坏血病，还能阻断人体中亚硝胺的合成，阻断外来致癌物的活化，提高免疫机能。荷兰豆还含有膳食纤维，能使人产生饱腹感，抑制饮食量，帮助减肥、瘦身。

茭白炒荷兰豆

 原料 ● READY

茭白120克，水发木耳45克，彩椒50克，荷兰豆80克，蒜末、姜片、葱段各少许

调料

盐3克，鸡粉2克，蚝油5克，水淀粉5毫升，食用油适量

 做法 ● HOW TO MAKE

1. 荷兰豆洗净切段；茭白洗净切片；彩椒洗净切小块；木耳洗净切小块。
2. 锅中注水烧开，加盐、食用油，放入茭白、木耳、彩椒、荷兰豆，煮至断生，捞出，沥干水分。
3. 用油起锅，放入蒜末、姜片、葱段，爆香；倒入焯好的食材，翻炒匀。
4. 加盐、鸡粉、蚝油，炒匀调味；淋入水淀粉勾芡，炒匀即可。

小·贴士

荷兰豆含有胡萝卜素、B族维生素、维生素C、维生素E等，有降血压、保护血管的功效。高血压病患者经常食用荷兰豆，对稳定血压大有好处。

西芹百合炒白果

 原料 ●READY

西芹150克，鲜百合100克，白果100克，彩椒10克

调料

鸡粉2克，盐2克，水淀粉3毫升，食用油适量

做法 ●HOW TO MAKE

1. 彩椒洗净，切成大块；西芹洗净，切成小块。
2. 锅中注水烧开，倒入白果、彩椒、西芹、百合，略煮一会儿，捞出备用。
3. 热锅注油，倒入焯好水的食材，加入少许盐、鸡粉，翻炒均匀。
4. 淋入少许水淀粉，翻炒片刻即可。

小贴士

西芹含有膳食纤维及多种矿物质、维生素，具有镇静安神、利尿消肿、增强免疫力等功效。

芹菜腊肉

 原料 • READY

腊肉300克，芹菜100克，红椒30克，蒜末、葱段各少许

调料

盐2克，鸡粉2克，辣椒油2毫升，料酒8毫升，水淀粉8毫升

 做法 • HOW TO MAKE

1. 芹菜洗净，切段；红椒洗净，切条。
2. 锅中注水烧开，倒入腊肉，余去盐分，捞出，沥干水分，备用。
3. 用油起锅，倒入备好的腊肉，炒香；放入葱段、蒜末，炒匀。
4. 倒入红椒、芹菜，快速炒匀；加辣椒油、盐、鸡粉、料酒，炒匀提味；倒入水淀粉勾芡即可。

小·贴士

芹菜含有维生素B_1、维生素B_2、维生素C、维生素P，以及钙、铁、磷等矿物质，具有降血压、降血脂、预防动脉粥样硬化等作用。

苦瓜黑椒炒虾球

 原料 ● READY

苦瓜200克，虾仁100克，泡小米椒30克，黑胡椒粉、姜片、蒜末、葱段各少许

调料

盐3克，鸡粉2克，食粉少许，料酒5毫升，生抽6毫升，水淀粉、食用油各适量

 做法 ● HOW TO MAKE

1. 苦瓜洗净，用斜刀切成片；虾仁洗净，去除虾线，装入碗中，加盐、鸡粉、水淀粉、食用油，腌渍入味。

2. 锅中注水烧开，撒少许食粉，倒入苦瓜片，煮至断生，捞出；再倒入虾仁，余煮至呈淡红色，捞出。

3. 用油起锅，倒入黑胡椒粉、姜片、蒜末、葱段，爆香；放入泡小米椒、虾仁，炒干水汽。

4. 淋入料酒，炒香；放入苦瓜片，炒透；加鸡粉、盐、生抽，炒至入味，淋入水淀粉勾芡即成。

小·贴士

苦瓜含有维生素C及钾、钠、钙、镁、铁、锰、磷等微量元素，有降血糖、健脾开胃、滋润皮肤、止渴消暑等功效。

苦瓜玉米粒

 原料 ● READY

玉米粒150克，苦瓜80克，彩椒35克，青椒10克，姜末少许，泰式甜辣酱适量

调料

盐少许，食用油适量

 做法 ● HOW TO MAKE

1. 苦瓜洗净，斜刀切菱形块；青椒洗净切丁；彩椒洗净切丁。
2. 锅中注水烧开，倒入玉米粒、苦瓜块、彩椒丁、青椒丁，煮至断生，捞出。
3. 用油起锅，撒上备好的姜末，用大火爆香。
4. 倒入焯过水的食材，炒匀；加盐、甜辣酱，大火快炒至食材入味即可。

小·贴士

玉米粒含有淀粉、维生素B_6、维生素E、烟酸以及铁、锌、磷、钙等营养成分，具有润滑肌肤、预防便秘、延缓衰老、抗癌等作用。

豉香佛手瓜

原料 ● READY

佛手瓜500克，彩椒15克，豆豉少许

调料

盐2克，鸡粉、白糖各1克，水淀粉5毫升，食用油适量

做法 ● HOW TO MAKE

1. 佛手瓜洗净，去瓤，切成块；彩椒洗净，切块。
2. 锅中注水烧开，加盐、食用油，倒入佛手瓜、彩椒，煮至断生，捞出，沥干水分，备用。
3. 用油起锅，倒入豆豉，爆香；放入切好的佛手瓜、彩椒，炒匀。
4. 加盐、鸡粉、白糖、水淀粉，炒至食材熟透即可。

小·贴士

佛手瓜含有维生素C、胡萝卜素、锌、钙等营养成分，具有益智健脑、保护视力、补锌、补钙等功效。经常吃佛手瓜可利尿排钠，有扩张血管、降压的保健功能，是心脏病、高血压病患者的保健蔬菜。

醋熘南瓜片

 原料 ●READY

南瓜200克，红椒、蒜末各适量

调料

盐2克，鸡粉2克，白醋5毫升，白糖、食用油各适量

 做法 ●HOW TO MAKE

1. 南瓜洗净，切成片；红椒洗净，切成条，备用。
2. 锅中注油烧热，倒入蒜末，爆香。
3. 倒入切好的南瓜、红椒，翻炒匀。
4. 加盐、鸡粉、白糖，炒匀调味；淋入白醋，快速翻炒均匀即可。

 小·贴士

南瓜含有铬、镍、膳食纤维、胡萝卜素、维生素C等成分，具有促进食欲、降低血糖、抗癌防癌等功效。南瓜中含有的果胶还可以保护胃肠道黏膜，使其免受粗糙食品刺激，促进溃疡愈合。

干贝芥菜

①

②

③

④

🌶 **原料 ● READY**

芥菜700克，水发干贝
15克，干辣椒5克

调料

盐、鸡粉各1克，食粉、
食用油各适量

🍲 **做法 ● HOW TO MAKE**

1. 取备好的干辣椒，切成细丝；芥菜洗净。
2. 锅中注水烧开，加入食粉，倒入芥菜，煮
   至断生，捞出过凉水，去掉叶子后对半
   切开。
3. 用油起锅，放入干辣椒，爆香后捞出。
4. 注入适量清水，倒入干贝、芥菜，煮至食
   材熟透；加盐、鸡粉调味即可。

📌 **小·贴士**

芥菜含有膳食纤维、维生素C及多种矿物
质，具有提神醒脑、解除疲劳、明目、通便
等多种功效。

莲藕炒秋葵

 原料 • READY

去皮莲藕250克，去皮
胡萝卜150克，秋葵50
克，红彩椒10克

调料
盐2克，鸡粉1克，食用
油5毫升

 做法 • HOW TO MAKE

1. 胡萝卜洗净切片；莲藕洗净切片；红彩椒
   洗净切片；秋葵洗净，斜刀切片。
2. 锅中注水烧开，加少许食用油、盐，倒入
   胡萝卜、莲藕、红彩椒、秋葵，煮至断
   生，捞出。
3. 用油起锅，倒入焯好的食材，翻炒均匀。
4. 加入适量盐、鸡粉，炒匀调味，关火后盛
   出，装入盘中即可。

小·贴士

莲藕含有淀粉、膳食纤维、维生素C、铁等
多种营养物质，具有清热解毒、消暑、保护
血管、增强人体免疫等功能。

干煸藕条

原料 ● READY

莲藕230克，玉米淀粉60克，葱丝、红椒丝、干辣椒、花椒各适量，白芝麻、姜片、蒜头各少许

调料

盐2克，鸡粉少许，食用油适量

做法 ● HOW TO MAKE

1. 莲藕洗净，切条形，滚上玉米淀粉，腌渍片刻。
2. 热锅注油，烧至四成热，放入藕条，中小火炸至金黄色，捞出，沥干油。
3. 用油起锅，倒入干辣椒、花椒、姜片、蒜头，爆香。
4. 倒入藕条，炒匀；加盐、鸡粉，炒匀调味；盛出装盘，撒上熟白芝麻、葱丝、红椒丝即成。

 小·贴士

莲藕含有淀粉、天门冬素、维生素C以及氧化酶成分，有清热解烦、解渴止呕、健脾开胃、益血补心等功效。

酱爆藕丁

 原料 ● READY

莲藕丁270克，甜面酱
30克，熟豌豆50克，熟
花生米45克，葱段、干
辣椒各少许

调料

盐2克，鸡粉少许，食用
油适量

做法 ● HOW TO MAKE

1. 锅中注水烧开，倒入莲藕丁，煮至断
   生，捞出，沥干水分。
2. 用油起锅，撒上葱段、干辣椒，爆香。
3. 倒入藕丁，炒匀；注入少许清水，放入
   甜面酱，炒匀；加白糖、鸡粉，翻炒至
   食材入味。
4. 将炒好的食材盛出，装盘，撒上熟豌
   豆、熟花生米即可。

小·贴士

莲藕含有淀粉、膳食纤维、维生素C、铁等
多种营养物质，具有清热解毒、消暑、保护
血管、增强人体免疫等功能。

老干妈孜然莲藕

原料 ● READY

去皮莲藕400克，老干妈
30克，姜片、蒜末、葱
段各少许

调料

盐3克，鸡粉2克，孜然
粉5克，生抽、白醋、食
用油各适量

做法 ● HOW TO MAKE

1. 将备好的莲藕洗净，切成薄片，备用。
2. 取一碗，注入适量清水，加盐、白醋，拌匀；倒入莲藕，拌匀。
3. 锅中注水烧开，倒入莲藕，煮至断生，捞出过凉水，装盘待用。
4. 用油起锅，倒入姜片、蒜末爆香；放入老干妈炒匀；加入孜然粉、莲藕、生抽、盐、鸡粉，炒至入味；放入葱段，炒出香味即可。

小·贴士

莲藕含有膳食纤维、维生素C、钙、铁等营养成分，具有益气补血、止血散瘀、健脾开胃等功效。

辣油藕片

 原料 ● READY

莲藕350克，姜片、蒜末、葱段各少许

调料

白醋7毫升，陈醋10毫升，辣椒油8毫升，盐2克，鸡粉2克，生抽4毫升，水淀粉4毫升，食用油适量

 做法 ● HOW TO MAKE

1. 将备好的莲藕洗净，切成片，备用。
2. 锅中注水烧开，淋入白醋，倒入藕片，煮至断生，捞出，沥干水分。
3. 用油起锅，倒入姜片、蒜末、爆香；倒入藕片，快速翻炒匀。
4. 淋入陈醋、辣椒油，加盐、鸡粉、生抽，炒匀调味；淋入水淀粉勾芡；撒上葱花，炒出葱香味即可。

小·贴士

莲藕具有滋阴养血的功效，可以补五脏之虚、强壮筋骨、补血养血。生食能清热润肺、凉血行瘀，熟食可健脾开胃、止泄固精。

枸杞拌蚕豆

<

原料 ●READY

蚕豆400克，枸杞20克，
香菜10克，蒜末10克

调料

盐1克，生抽、陈醋各5毫
升，辣椒油适量

做法 ●HOW TO MAKE

1. 锅内注水，加盐，倒入蚕豆、枸杞，加
   盖，大火煮开后转小火煮30分钟，捞出
   食材，装碗待用。
2. 另起锅，倒入辣椒油，放入蒜末，爆香。
3. 加入生抽、陈醋，炒匀，制成酱汁。
4. 关火后将酱汁倒入蚕豆和枸杞中，拌匀，
   装盘，撒上香菜即可。

小·贴士

枸杞含有胡萝卜素、维生素、酸浆红素、
铁、磷、镁、锌等营养成分，具有养心滋
肾、补虚益精、清热明目等功效。

椒丝炒苋菜

原料●READY

苋菜150克，彩椒40
克，蒜末少许

调料

盐2克，鸡粉2克，水淀
粉、食用油各适量

做法●HOW TO MAKE

1.将备好的彩椒洗净，切成丝。
2.用油起锅，放入蒜末，用大火爆香。
3.倒入择洗净的苋菜，翻炒至熟软。
4.放入彩椒丝，炒匀；加盐、鸡粉调味，
　淋入水淀粉勾芡即可。

小·贴士

苋菜含有胡萝卜素、钙、磷、钾、镁及多种
维生素，有清热解毒、明目利咽、增强体质
的功效，对降低血糖也大有裨益，糖尿病患
者可以常食。

铁板花菜

原料 • READY

花菜300克，红椒15克，香菜20克，蒜末、干辣椒、葱段各少许

调料

盐3克，鸡粉2克，料酒5毫升，生抽4毫升，辣椒酱10克，食用油适量

做法 • HOW TO MAKE

1. 红椒洗净，切小段；香菜洗净，切小段；花菜洗净，切小朵。
2. 锅中注水烧开，加盐、食用油，倒入花菜，煮至断生，捞出。
3. 用油起锅，倒入蒜末、干辣椒、葱段，爆香；放入红椒、花菜，翻炒匀；加料酒、生抽、鸡粉、盐、辣椒酱，炒匀。
4. 倒入清水，煮至食材熟透；淋入水淀粉勾芡；盛入预热的铁板中，放上备好的香菜即可。

小·贴士

花菜含有多种维生素、矿物质，具有防癌抗癌、软化血管、保肝护肾、瘦身排毒、增强免疫力等功效。

麻婆山药

 原料 ● READY

山药160克，红尖椒10克，猪肉末50克，姜片、蒜末各少许

调料

豆瓣酱15克，鸡粉少许，料酒4毫升，水淀粉、花椒油、食用油各适量

 做法 ● HOW TO MAKE

1. 红尖椒洗净，切小段；山药洗净，切滚刀块。
2. 用油起锅，倒入猪肉末，炒至转色；撒上姜片、蒜末，炒香；加豆瓣酱炒匀。
3. 倒入红尖椒、山药块，炒匀炒透；淋入料酒，炒香；注入适量清水，大火煮沸。
4. 淋上花椒油，加少许鸡粉，炒匀，中火煮约5分钟；淋入水淀粉勾芡即可。

小·贴士

山药含有皂苷、淀粉、糖蛋白、多酚氧化酶、维生素C等营养成分，具有保护血管、补中益气、长肌肉等作用。

牛蒡三丝

原料 • READY

牛蒡100克,胡萝卜120克,青椒45克,蒜末、葱段各少许

调料

盐3克,鸡粉2克,水淀粉、食用油各适量

做法 • HOW TO MAKE

1. 胡萝卜洗净切细丝;牛蒡洗净切丝;青椒洗净切丝。
2. 锅中注水烧开,加少许盐,放入胡萝卜丝、牛蒡丝,煮至断生,捞出,沥干水分。
3. 用油起锅,放入葱段、蒜末,爆香;倒入青椒丝和焯煮过的食材,炒匀。
4. 加鸡粉、盐,炒匀调味;淋入水淀粉勾芡即可。

小·贴士

牛蒡含有的膳食纤维具有吸附钠的作用,并且能随机体废物排出体外,使体内钠的含量降低,从而达到降血压的目的。牛蒡还含有较多的钙,能刺激胰岛素的分泌,有助于降低血糖。

牛蒡甜不辣

 原料 ●READY

鱼板85克，牛蒡30克，胡萝卜45克，洋葱25克，青椒8克，韩式辣椒酱15克，蒜末少许

调料

盐、鸡粉各2克，生抽3毫升，水淀粉、食用油各适量

 做法 ●HOW TO MAKE

1. 鱼板洗净，切条；牛蒡、胡萝卜、洋葱洗净，切粗丝；青椒洗净，切细丝。
2. 用油起锅，倒入蒜末，爆香；放入洋葱丝，炒匀；倒入牛蒡丝，翻炒匀；加入辣椒酱，炒匀。
3. 放入鱼板，翻炒匀；放入胡萝卜、青椒，炒匀；注入清水，小火煮5分钟。
4. 加盐、生抽、鸡粉，炒匀调味；淋入水淀粉勾芡，盛出即可。

小·贴士

鱼板是以鱼浆为材料制成的，含有蛋白质、维生素A、铁、钙、磷等营养成分，具有养肝补血、泽肤养发、健美塑形等功效。

炝拌生菜

原料 ● READY

生菜150克，蒜瓣30克，干辣椒少许

调料

生抽4毫升，白醋6毫升，鸡粉2克，盐2克，食用油适量

做法 ● HOW TO MAKE

1. 将洗净的生菜叶撕成小块，备用。
2. 蒜瓣切细末，放入碗中，加生抽、白醋、鸡粉、盐，拌匀。
3. 用油起锅，倒入干辣椒，炝出香味，关火后盛入碗中，制成味汁。
4. 取一个盘子，放入生菜，摆放好；把味汁浇在生菜上即可。

小·贴士

生菜含有维生素、莴苣素等营养成分，有清热安神、清肝利胆、养胃的功效。尤其适合"三高"、肥胖、便秘及需要减肥瘦身的人群食用。

油泼生菜

生菜叶260克，剁椒30克，蒜末少许

调料

食用油适量

 做法 ● HOW TO MAKE

1. 锅中注入适量清水，用大火烧开，加入适量盐，再加入少许食用油。
2. 锅中放入生菜叶，煮至断生后捞出。
3. 另起锅，注入适量食用油，烧至三四成热，关火，待用。
4. 取一盘子，放入焯软的生菜叶，撒上剁椒、蒜末，往盘中浇上锅中的热油即成。

❹

小·贴士

生菜含有维生素B$_6$、维生素C、膳食纤维和镁、磷、钙、铁、铜、锌等微量元素，具有促进血液循环、改善肠胃功能等作用。

糖醋辣白菜

原料 • READY

白菜150克，红椒30克，花椒、姜丝各少许

调料

盐3克，陈醋15毫升，白糖2克，食用油适量

做法 • HOW TO MAKE

1. 白菜切去叶，菜梗切成粗丝，放入碗中，加盐，拌匀，腌渍30分钟；红椒切成细丝。
2. 用油起锅，倒入花椒，爆香，捞出；再倒入姜丝，炒匀；放入红椒丝，翻炒片刻，盛出装碗。
3. 锅底留油烧热，加陈醋、白糖，炒至白糖溶化，倒入碗中。
4. 将腌好的白菜洗去多余的盐分，装入碗中，倒入调好的汁水，拌匀，撒上红椒丝和姜丝，拌至入味即可。

小·贴士

白菜含有维生素C、膳食纤维、钙、磷、铁等营养成分，具有通利肠胃、除烦解渴、清热解毒、增强免疫力等功效。

培根炒菠菜

①

原料 ●READY

菠菜165克，培根200克，蒜片少许

调料

盐2克，鸡粉2克，料酒5毫升，生抽3毫升，白胡椒粉2克，食用油适量

做法 ●HOW TO MAKE

1. 菠菜洗净，切段；培根洗净，切段。
2. 用油起锅，倒入蒜片，用大火爆香。
3. 倒入培根，翻炒片刻；加适量料酒、生抽、白胡椒粉，炒匀。
4. 放入菠菜段，炒至软；加盐、鸡粉，炒至食材入味，盛出即可。

2

3

4

小·贴士

菠菜含有胡萝卜素、维生素C、维生素K、矿物质、辅酶Q_{10}等成分，具有行气补血、促进食欲等功效。

丝瓜炒蟹棒

🌶 原料 • READY

丝瓜200克，彩椒80克，蟹柳130克，姜片、蒜末、葱段各少许

调料

料酒8毫升，水淀粉5毫升，盐2克，鸡粉2克，蚝油8克，食用油适量

🍲 做法 • HOW TO MAKE

1. 丝瓜洗净切小块；彩椒洗净切小块；蟹柳剥去塑料皮，切段。
2. 用油起锅，倒入姜片、蒜末、葱段，爆香。
3. 倒入丝瓜、彩椒，炒匀；加盐、鸡粉，炒匀调味。
4. 倒入蟹柳，翻炒匀；淋入料酒，炒香；加入蚝油，炒匀；淋入水淀粉勾芡即可。

📌 小·贴士

丝瓜含有膳食纤维、碳水化合物、钙、磷、铁、皂苷、植物黏液、木糖胶、丝瓜苦味质、瓜氨酸等，有利尿通淋、润肠通便的作用。

Part 6

菌豆篇

　　菌菇类的营养价值十分丰富，含有较多的蛋白质、碳水化合物、维生素等，还有微量元素和矿物质，多吃可增强人体免疫力。豆类食物则含有丰富的植物雌激素，常吃不仅可以增强营养，还可以美容养颜。

茶树菇炒鸡丝

原料●READY

茶树菇250克，鸡肉200克，鸡蛋清50克，红椒45克，青椒30克，葱段、蒜末、姜片各少许

调料

盐4克，料酒12毫升，白胡椒粉2克，水淀粉8毫升，鸡粉2克，白糖3克，食用油适量

做法●HOW TO MAKE

1. 红椒切小条；青椒切小条；鸡肉切丝，装碗，加盐、料酒、白胡椒粉、鸡蛋清、水淀粉、食用油，腌渍10分钟。
2. 锅中注水烧开，倒入茶树菇，余煮去杂质，捞出。
3. 热锅注油烧热，倒入鸡肉丝，炒至转色；倒入姜片、蒜末，炒香；倒入茶树菇，淋入料酒、清水，炒匀。
4. 加盐、鸡粉、白糖，炒匀调味；倒入青椒、红椒，快速翻炒匀；淋入水淀粉勾芡，放入葱段炒香即可。

小·贴士

茶树菇含有氨基酸、葡聚糖、菌蛋白、碳水化合物等成分，具有开胃消食、增强免疫力等功效。

五花肉茶树菇

 原料 • READY

五花肉200克，水发茶树
菇100克，蒜薹150克，
甜椒20克，蒜末、姜
片、葱段各少许

调料

料酒8毫升，鸡粉2克，
生抽8毫升，食用油适量

 做法 • HOW TO MAKE

1. 蒜薹切段；彩椒切块；茶树菇切去根部；五花肉切成薄片。
2. 热锅注油，倒入五花肉，炒香；淋入料酒、生抽，翻炒去腥上色。
3. 倒入蒜末、葱段、姜片、彩椒，快速翻炒均匀。
4. 放入茶树菇、蒜薹，翻炒片刻；加鸡粉、生抽，翻炒调味即可。

小·贴士

茶树菇含有谷氨酸、天门冬氨酸、异亮氨酸、甘氨酸、丙氨酸等成分，具有益气开胃、补肾滋阴等功效。

虫草花炒茭白

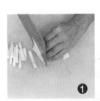

原料 ●READY

茭白120克，肉末55克，虫草花30克，彩椒35克，姜片少许

调料

盐2克，白糖、鸡粉各3克，料酒7毫升，水淀粉、食用油各适量

做法 ●HOW TO MAKE

1. 将茭白切成粗丝；彩椒切成粗丝。
2. 锅中注水烧开，倒入虫草花、茭白丝、彩椒丝，淋入料酒、食用油，煮至断生，捞出。
3. 用油起锅，倒入肉末，炒匀；撒上姜片，炒香；淋入料酒，炒匀提味。
4. 倒入焯过水的材料，炒熟；加盐、白糖、鸡粉调味；淋入水淀粉勾芡即可。

小·贴士

茭白含有碳水化合物、维生素B$_1$、维生素B$_2$、维生素E、铁、镁、钾等营养成分，具有软化皮肤角质层、促进胃肠蠕动、增强免疫力等功效。

红油拌秀珍菇

 原料 ● READY

秀珍菇300克，葱花、蒜末各少许

调料

盐、鸡粉、白糖各2克，生抽、陈醋、辣椒油各5毫升

 做法 ● HOW TO MAKE

1. 锅中注水烧开，倒入秀珍菇，煮至断生，捞出，沥干水分。
2. 取一碗，倒入秀珍菇、蒜末、葱花。
3. 加盐、鸡粉、白糖、生抽、陈醋、辣椒油。
4. 用筷子拌匀，装入备好的盘中即可。

·小·贴士

秀珍菇含有胡萝卜素、B族维生素、维生素C及多种氨基酸、矿物质，具有益气补血、增强免疫力、益肠胃等功效。

木耳炒百叶

 原料 • READY

牛百叶150克，水发木耳80克，红椒、青椒各25克，姜片少许

调料

盐3克，鸡粉少许，料酒4毫升，水淀粉、芝麻油、食用油各适量

 做法 • HOW TO MAKE

1. 牛百叶切小块；木耳切除根部，再切小块；青椒去籽，斜刀切片；红椒去籽，切菱形片。
2. 锅中注水烧开，倒入木耳，焯煮片刻；再放入牛百叶，煮去杂质，捞出，沥干水分，待用。
3. 用油起锅，撒上姜片，爆香；倒入青椒片、红椒片；放入焯过水的食材，炒匀；淋入料酒，炒香。
4. 注入清水，大火煮沸；加盐、鸡粉，炒匀调味；用水淀粉勾芡，淋上芝麻油，炒匀即可。

 小·贴士

黑木耳含有多糖、胡萝卜素、维生素B$_1$、维生素B$_2$、烟酸和钙、磷、铁等微量元素，具有养血驻颜、红润肌肤、疏通肠胃等作用。

 **金针菇炒肚丝**

 原料 ●READY

猪肚150克，金针菇100克，红椒20克，香叶、八角、姜片、蒜末、葱段各少许

调料

盐4克，鸡粉2克，料酒6毫升，生抽10毫升，水淀粉、食用油各适量

 做法 ●HOW TO MAKE

1. 锅中注水烧开，倒入香叶、八角，放入猪肚，加盐、料酒、生抽，搅匀，盖上盖，煮沸后用小火煮30分钟，捞出猪肚，放凉。
2. 金针菇切去根部；红椒切细丝；放凉的猪肚切粗丝。
3. 用油起锅，放入姜片、蒜末、葱段，爆香。
4. 放入金针菇，炒匀；倒入猪肚，撒上红椒丝，快速翻炒至熟软；加盐、鸡粉、生抽，翻炒至入味；淋入水淀粉勾芡即可。

小·贴士

金针菇含有人体必需的多种氨基酸，而且种类也较为齐全，尤以赖氨酸和精氨酸的含量为最高。此外，金针菇的含锌量也比较高，对儿童的身高和智力发育有良好的作用。

鱼香金针菇

原料 • READY

金针菇120克，胡萝卜150克，红椒30克，青椒30克，姜片、蒜末、葱段各少许

调料

盐2克，鸡粉2克，豆瓣酱15克，白糖3克，陈醋10毫升，食用油适量

做法 • HOW TO MAKE

1. 胡萝卜切丝；青椒切丝；红椒切丝；金针菇切去老茎。
2. 用油起锅，放入姜片、蒜末、胡萝卜丝，快速炒匀。
3. 放入金针菇、青椒、红椒，炒匀。
4. 加豆瓣酱、盐、鸡粉、白糖，炒匀调味；淋入陈醋，快速翻炒至食材入味即可。

小·贴士

金针菇含有B族维生素、维生素C、碳水化合物、胡萝卜素和多种矿物质、氨基酸等成分，具有利肝脏、增强免疫力、益肠胃、抗癌瘤等功效。

菌菇炒鸭胗

 原料 • READY

白玉菇100克，香菇35
克，鸭胗95克，彩椒30
克，姜片、蒜末、葱段
各少许

调料

盐3克，鸡粉2克，料酒5
毫升，生抽3毫升，水淀
粉、食用油各适量

 做法 • HOW TO MAKE

1. 白玉菇去蒂，切段；香菇去蒂，切片；
   彩椒切条。
2. 鸭胗切小块，放入碗中，加盐、鸡粉、
   水淀粉，拌匀，腌渍10分钟。
3. 锅中注水烧开，淋入食用油，倒入白玉
   菇、香菇、彩椒，煮至断生，捞出；倒
   入鸭胗，余去血水，捞出。
4. 油锅下入姜片、蒜末、葱段爆香；放入
   鸭胗、料酒、生抽，炒香；倒入白玉
   菇、香菇、彩椒，炒熟；加盐、鸡粉、
   水淀粉炒匀即可。

·小·贴士

香菇具有化痰理气、益胃和中之功效，对食
欲不振、身体虚弱、小便失禁、大便秘结、
形体肥胖等病症有食疗功效。

245

口蘑炒火腿

 原料 ●READY

口蘑100克，火腿肠180克，青椒25克，姜片、蒜末、葱段各少许

调料

盐2克，鸡粉2克，生抽、料酒、水淀粉、食用油各适量

 做法 ●HOW TO MAKE

1. 口蘑切片；青椒切小块；火腿肠切片。
2. 锅中注水烧开，加盐、食用油，放入口蘑、青椒，煮至断生，捞出。
3. 热锅注油，烧至四成热，倒入火腿肠，炸约半分钟，捞出。
4. 锅底留油，下姜片、蒜末、葱段，爆香；倒入口蘑、青椒、火腿肠，炒匀；加料酒、生抽、盐、鸡粉调味；淋入水淀粉勾芡即可。

小·贴士

口蘑含有微量元素硒、膳食纤维及抗病毒元素，能辅助治疗因缺硒引起的血压上升和血黏稠度增加，调节甲状腺，提高免疫力，还可抑制血清和肝脏中胆固醇上升，对肝脏起到良好的保护作用，对糖尿病也有很好的食疗作用。

口蘑烧白菜

原料●READY

口蘑90克，大白菜120克，红椒40克，姜片、蒜末、葱段各少许

调料

盐3克，鸡粉2克，生抽2毫升，料酒4毫升，水淀粉、食用油各适量

做法●HOW TO MAKE

1. 口蘑切片；大白菜切小块；红椒切小块。
2. 锅中注水烧开，加鸡粉、盐，倒入口蘑，煮1分钟；倒入大白菜、红椒，煮半分钟，捞出。
3. 用油起锅，下姜片、蒜末、葱段，爆香；倒入焯煮好的食材，炒匀；淋入料酒，加鸡粉、盐，翻炒匀。
4. 倒入生抽，翻炒至食材入味；淋入水淀粉勾芡即可。

小·贴士

大白菜含有B族维生素、维生素C、钙、磷、膳食纤维等成分，对促进人体新陈代谢很有帮助。此外，大白菜还含有维生素C，糖尿病患者常食可以促进糖类物质的代谢，降低血糖。

蒜苗炒口蘑

 原料 ● READY

口蘑250克，蒜苗2根，朝天椒圈15克，姜片少许

调料

盐、鸡粉各1克，蚝油5克，生抽5毫升，水淀粉、食用油各适量

 做法 ● HOW TO MAKE

1. 口蘑切厚片；蒜苗用斜刀切段。
2. 锅中注水烧开，倒入口蘑，焯煮至断生，捞出。
3. 油锅中倒入姜片、朝天椒圈，爆香；倒入口蘑，加生抽、蚝油，翻炒至熟。
4. 注入清水，加盐、鸡粉，倒入蒜苗，炒至断生；淋入水淀粉勾芡即可。

小·贴士

口蘑含有膳食纤维、多种维生素、叶酸、铁、钾、硒、铜、核黄素等营养物质，具有预防骨质疏松、防癌、抗氧化、提高人体免疫力等作用。

湘煎口蘑

 原料 ●READY

五花肉300克，口蘑180克，朝天椒25克，姜片、蒜末、葱段、香菜段各少许

调料

盐、鸡粉、黑胡椒粉各2克，水淀粉、料酒各10毫升，辣椒酱、豆瓣酱各15克，生抽5毫升，食用油适量

 做法 ●HOW TO MAKE

1. 口蘑切片；朝天椒切圈；五花肉切片。
2. 锅中注水烧开，放入口蘑，加料酒，煮1分钟，捞出，沥干水，待用。
3. 用油起锅，放入五花肉，翻炒匀；淋入料酒，炒香，盛出待用。
4. 锅底留油，加口蘑、蒜末、姜片、葱段、五花肉、朝天椒、豆瓣酱、生抽、辣椒酱、水、盐、鸡粉、黑胡椒粉、水淀粉炒匀，撒上香菜即可。

小·贴士

口蘑富含膳食纤维、B族维生素、维生素E、镁、钙、钾、磷等营养成分，具有预防便秘、促进排毒、解表化痰等功效。

明笋香菇

原料 ● READY

鲜香菇30克，水发笋干50克，瘦肉100克，彩椒10克

调料

盐2克，生抽5毫升，料酒5毫升，水淀粉4毫升，食用油适量

做法 ● HOW TO MAKE

1. 将彩椒、笋干、香菇、瘦肉分别洗净，切小块。
2. 热锅注油，放入瘦肉，翻炒至变色；倒入笋丁，翻炒均匀。
3. 注入适量清水，淋入料酒，煮至沸；倒入香菇，炒匀，煮至熟；加盐、生抽，炒匀。
4. 放入彩椒，倒入少许水淀粉，快速翻炒均匀即可。

小·贴士

香菇含有蛋白质、B族维生素、维生素C、胆碱、磷、镁、钾等营养成分，具有补肝肾、健脾胃、增强免疫力等功效。

腊肉竹荪

 原料 ● READY

水发竹荪80克，腊肉
100克，水发木耳50
克，红椒45克，葱段、
姜片各少许

调料

生抽5毫升，盐2克，鸡
粉2克，水淀粉4毫升

 做法 ● HOW TO MAKE

1. 竹荪切小段；腊肉切片；红椒切块。
2. 锅中注水烧开，倒入竹荪，焯煮片刻，
   捞出；倒入腊肉，氽煮去杂质，捞出。
3. 热锅注油烧热，倒入腊肉，炒香；倒入
   姜片、葱段、木耳、红椒，炒匀。
4. 淋入生抽，炒匀；注入清水，倒入竹
   荪，加盐、鸡粉，炒匀调味；淋入水淀
   粉勾芡即可。

小·贴士

竹荪含有蛋白质、碳水化合物、膳食纤维、
菌糖、灰分等营养成分，具有滋补强壮、益
气补脑、宁神健体等功效。

泡椒杏鲍菇炒秋葵

原料 • READY

秋葵75克，口蘑55克，红椒15克，杏鲍菇35克，泡椒30克，姜片少许

调料

盐3克，鸡粉2克，水淀粉、食用油各适量

做法 • HOW TO MAKE

1. 秋葵斜刀切块；红椒斜刀切段；口蘑切小块；杏鲍菇切小块。
2. 锅中注水烧开，放入口蘑，略煮一会儿；倒入杏鲍菇、秋葵、红椒，加食用油、盐，煮至断生，捞出。
3. 用油起锅，放入姜片，爆香；倒入泡椒，炒出辣味。
4. 放入焯过水的食材，炒匀炒透；加盐、鸡粉、水淀粉，翻炒至食材入味即可。

小·贴士

秋葵含有蛋白质、果胶、牛乳聚糖、维生素A、锌、硒等营养成分，具有润泽皮肤、助消化、增强免疫力等功效。

野山椒杏鲍菇

 原料 ●READY

杏鲍菇120克，野山椒30克，尖椒2个，葱丝少许

调料

盐、白糖各2克，鸡粉3克，陈醋、食用油、料酒各适量

 做法 ●HOW TO MAKE

1. 杏鲍菇切片；尖椒切小圈；野山椒剁碎。

2. 锅中注水烧开，倒入杏鲍菇，淋入料酒，焯煮片刻，捞出过凉水。

3. 倒出凉水，加入野山椒、尖椒、葱丝、盐、鸡粉、陈醋、白糖、食用油，拌匀。

4. 用保鲜膜密封好，放入冰箱冷藏4小时，取出后撕去保鲜膜，倒入盘中，放上少许葱丝即可。

小·贴士

杏鲍菇含有碳水化合物、膳食纤维、维生素C、维生素E及钙、铁、磷、胡萝卜素等营养成分，具有增强免疫力、降低胆固醇、美容养颜等功效。

灵芝素鸡炒白菜

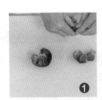

原料 ●READY

白菜70克，彩椒20克，素鸡120克，罗汉果、灵芝各少许

调料

盐3克，鸡粉2克，白糖少许，食用油适量

做法 ●HOW TO MAKE

1. 素鸡用斜刀切片；白菜切块；彩椒切小块；罗汉果分成小块。
2. 锅中注水烧开，加盐、食用油，倒入素鸡、彩椒、罗汉果、白菜、灵芝，煮至断生，捞出。
3. 用油起锅，倒入焯过水的材料，炒匀。
4. 加盐、鸡粉、白糖，炒匀调味；淋入少许水淀粉勾芡即可。

小贴士

白菜含有B族维生素、维生素C、膳食纤维、钙、铁、磷、锌等营养成分，具有养胃生津、除烦解渴、利尿通便、清热解毒等功效。

扁豆丝炒豆腐干

原料●READY

豆腐干100克，扁豆120克，红椒20克，姜片、蒜末、葱白各少许

调料

盐3克，鸡粉2克，水淀粉、食用油各适量

做法●HOW TO MAKE

1. 豆腐干切丝；扁豆切丝；红椒切丝。
2. 锅中注水烧热，加盐、食用油，倒入扁豆，煮1分钟，捞出。
3. 热锅注油，烧至四成热，倒入豆腐干，炸半分钟，捞出，沥干油，待用。
4. 油锅下入姜片、蒜末、葱白，爆香；倒入扁豆丝、豆腐干，翻炒片刻；加盐、鸡粉，炒匀调味；倒入红椒丝，翻炒匀；淋入水淀粉勾芡即可。

小·贴士

豆腐干咸香爽口，含有蛋白质、碳水化合物，还含有钙、磷、铁等人体所需的矿物质，有开胃助食、增强体质的功效，老少皆宜。

酱炒黄瓜白豆干

原料●READY

五花肉120克，黄瓜100克，白豆干80克，姜片、蒜末、葱段各少许

调料

盐、鸡粉各2克，辣椒酱7克，生抽4毫升，料酒5毫升，水淀粉、花椒油、食用油各适量

做法●HOW TO MAKE

1. 白豆干用斜刀切片；黄瓜去瓤，用斜刀切片；五花肉切薄片。
2. 热锅注油，烧至三四成热，倒入白豆干，炸至金黄色，捞出，沥干油。
3. 锅底留油烧热，倒入肉片，炒至变色；淋入生抽，炒匀；放入料酒，炒匀提味；倒入姜片、蒜末、葱段，炒香；放入黄瓜片，快速炒软。
4. 放入白豆干，转小火，加鸡粉、盐、辣椒酱，淋入花椒油，炒匀调味；淋入水淀粉勾芡即可。

小·贴士

黄瓜含有B族维生素、维生素C、维生素E、胡萝卜素、钙、磷、铁等营养成分，具有清热解毒、健脑安神、美容养颜等功效。

松子豌豆炒干丁

原料 ● READY

香干300克，彩椒20克，松仁50克，豌豆120克，蒜末少许

调料

盐3克，鸡粉2克，料酒4毫升，生抽3毫升，水淀粉、食用油各少许

做法 ● HOW TO MAKE

1. 香干切成小丁；彩椒切成小块。
2. 锅中注水烧开，加盐、食用油，倒入豌豆、香干、彩椒，煮至断生，捞出。
3. 热锅注油，烧至四成热，倒入松仁，炸至金黄色，捞出，沥干油。
4. 锅底留油，下入蒜末爆香；倒入焯过水的材料，炒匀；加盐、鸡粉、料酒、生抽，炒匀调味；淋入水淀粉勾芡；盛出装盘，点缀上松仁即可。

小·贴士

豌豆含有维生素、膳食纤维、不饱和脂肪酸、大豆磷脂等营养成分，有保持血管弹性、健脑益智等功效。

油渣烧豆干

 原料●READY

猪肥肉120克，豆干60克，芹菜40克，胡萝卜30克，红椒15克，姜片、蒜末、葱段各少许

调料

盐、鸡粉各2克，生抽、料酒各4毫升，豆瓣酱7克，水淀粉、食用油各适量

做法●HOW TO MAKE

1. 红椒切小块；芹菜切段；豆干切片；胡萝卜切菱形片；猪肥肉切块。
2. 锅中注水烧开，加盐，倒入胡萝卜、豆干，煮半分钟，捞出。
3. 用油起锅，倒入肥肉，炒至变色，盛出多余的油分；淋入生抽，炒匀；倒入姜片、蒜末、葱段，炒香。
4. 倒入焯过水的食材，炒匀；加豆瓣酱、料酒，炒匀；放入红椒、芹菜，炒至变软；加鸡粉、盐，炒匀调味，淋入水淀粉勾芡即可。

小·贴士

芹菜含有膳食纤维、维生素、钙、磷、铁、钠等营养成分，具有平肝清热、祛风利湿、除烦消肿、凉血止血等功效。

川味豆皮丝

 原料●READY

豆腐皮150克，瘦肉200克，水发木耳80克，豆瓣酱30克，香菜、姜丝各少许

调料

盐、鸡粉、白糖各1克，陈醋、辣椒油各5毫升，食用油适量

 做法●HOW TO MAKE

1. 豆腐皮卷起，切丝；木耳切丝；瘦肉切丝。
2. 热锅注油，倒入姜丝，爆香；放入豆瓣酱，炒匀；注入清水，倒入肉丝，炒匀。
3. 放入豆皮丝、木耳丝，炒至食材变软。
4. 加盐、鸡粉、白糖、陈醋，炒匀调味；加盖，小火焖2分钟至熟；淋入辣椒油，炒匀；盛出装盘，点缀上香菜即可。

小·贴士

木耳含有膳食纤维、碳水化合物和多种维生素与无机盐，具有防止血液凝固、减少动脉硬化、增强抵抗力等作用。

鸡汤豆皮丝

 原料 ● READY

豆皮130克，鸡汤300毫升，鸡胸肉100克，红彩椒40克，香菜少许

调料

盐、鸡粉、胡椒粉各1克，料酒5毫升，食用油适量

 做法 ● HOW TO MAKE

1. 豆皮卷成方块状，切丝；红彩椒切丝；鸡胸肉切丝。

2. 热锅注油，倒入鸡胸肉，翻炒均匀；加入料酒，注入鸡汤，用大火煮开。

3. 倒入豆皮丝，炒匀；加盐、鸡粉、胡椒粉，炒匀，大火煮开后转中火煮2分钟。

4. 关火后盛出煮好的汤，装入碗中，放上彩椒丝、香菜即可。

 小·贴士

鸡胸肉含有蛋白质、磷脂、维生素C、维生素E、钙、铁等营养物质，具有温中益气、补虚填精、健脾胃、活血脉、强筋骨等功效。

豆皮拌豆苗

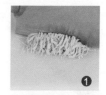

原料 ● READY

豆皮70克，豆苗60克，
花椒15克，葱花少许

调料

盐、鸡粉各1克，生抽5
毫升，食用油适量

做法 ● HOW TO MAKE

1. 豆皮切丝，再切两段。
2. 沸水锅中倒入豆苗，煮至断生，捞出；
   再倒入豆皮，煮去豆腥味，捞出，沥干
   水分，装碗，撒上葱花待用。
3. 另起锅注油，倒入花椒，炸出香味，捞
   出花椒。
4. 将花椒油淋在豆皮和葱花上，放上豆
   苗，加盐、鸡粉、生抽，拌匀即可。

小·贴士

豆苗含有钙、B族维生素、维生素C、胡萝
卜素等营养成分，具有利尿、止泻、消肿、
止痛和助消化等功效。

261

酱爆香干丁

 原料 ● READY

香干200克，芹菜100克，红椒30克，姜片10克，蒜末15克，黄豆酱20克

调料

盐2克，鸡粉3克，水淀粉、食用油各适量

 做法 ● HOW TO MAKE

1. 芹菜切段；红椒切块；香干切丁。
2. 锅中注水烧开，倒入香干，焯煮片刻，捞出，沥干水分。
3. 用油起锅，倒入姜片、蒜末，爆香。
4. 放入芹菜、红椒、香干、黄豆酱，炒匀；注入清水，加盐、鸡粉，炒匀；淋入水淀粉勾芡即可。

小·贴士

香干营养丰富，含有大量蛋白质和钙、磷、铁等多种人体所需的矿物质，有很好的健脑功效。

虾米韭菜炒香干

原料 • READY

韭菜130克，香干100克，彩椒40克，虾米20克，白芝麻10克，豆豉、蒜末各少许

调料

盐2克，鸡粉2克，料酒10毫升，生抽3毫升，水淀粉4毫升，食用油适量

做法 • HOW TO MAKE

1. 香干切条；彩椒切条；韭菜切段。
2. 热锅注油，烧至三成热，倒入香干，炸出香味，捞出，沥干油，待用。
3. 锅底留油，放入蒜末，爆香；倒入虾米、豆豉，炒香；放入彩椒，淋入料酒，炒匀。
4. 倒入韭菜，炒匀；放入香干，加盐、鸡粉、生抽，炒匀调味；淋入水淀粉勾芡，盛出装盘，撒上白芝麻即可。

小·贴士

韭菜含有膳食纤维、胡萝卜素、维生素C及钙、磷、钾、铁等营养物质，能促进肠道蠕动，加速排出机体废物，对高血压有食疗作用。

水煮肉片千张

 原料 ● READY

千张300克，泡小米椒30克，红椒40克，猪瘦肉250克，姜片、蒜末、干辣椒、葱花各少许

调料

盐4克，鸡粉5克，水淀粉4毫升，辣椒油4毫升，陈醋8毫升，生抽4毫升，豆瓣酱、食粉、食用油各适量

做法 ● HOW TO MAKE

1. 千张切丝；泡小米椒切碎；红椒切粒；猪瘦肉切成片，装碗，加食粉、盐、鸡粉、水淀粉、食用油，腌渍10分钟。
2. 锅中注水烧开，倒入食用油，加盐、鸡粉，倒入千张，煮1分钟，捞出，装入碗中，待用。
3. 油锅下姜片、蒜末、红椒、泡小米椒爆香；加豆瓣酱、清水、辣椒油、陈醋、生抽、盐、鸡粉，煮沸；倒入肉片搅散，盛入装有千张的碗中。
4. 烧热炒锅，倒入食用油烧热；在碗中撒上葱花、干辣椒，浇上热油即可。

小·贴士

千张含有丰富的蛋白质，且属于完全蛋白，其比例也接近人体需要，利于人体消化吸收。此外，它还有多种矿物质，能促进骨骼发育，防止因缺钙引起的骨质疏松。

板栗腐竹煲

 原料●READY

腐竹20克，香菇30克，青椒、红椒各15克，芹菜10克，板栗60克，姜片、蒜末、葱段、葱花各少许

调料

盐、鸡粉各2克，水淀粉适量，白糖、番茄酱、生抽、食用油各适量

 做法●HOW TO MAKE

1. 芹菜切长段；青椒切小块；红椒切小块；香菇切小块；板栗切去两端。

2. 热锅注油，烧至四五成热，倒入腐竹，炸至金黄色，捞出；放入板栗，炸干水分，捞出，沥干油。

3. 锅留底油烧热，倒入姜片、蒜末、葱段，爆香；放入香菇，炒匀；注入清水，倒入腐竹、板栗，加入生抽，炒匀。

4. 加盐、鸡粉、白糖、番茄酱调味，小火略煮；倒入青椒、红椒炒匀；倒入水淀粉勾芡，撒上芹菜，炒匀；盛入砂锅中，煮至沸，撒上葱花即可。

小·贴士

板栗含有淀粉、蛋白质、B族维生素等营养成分，具有益气补脾、强筋健骨、延缓衰老等功效。

红油腐竹

原料 ● READY

腐竹段80克，青椒45克，胡萝卜40克，姜片、蒜末、葱段各少许

调料

盐、鸡粉各2克，生抽4毫升，辣椒油6毫升，豆瓣酱7克，水淀粉、食用油各适量

做法 ● HOW TO MAKE

1. 胡萝卜切成薄片；青椒切成小块。
2. 锅中注水烧开，加食用油，倒入胡萝卜、青椒，煮1分钟，捞出。
3. 热锅注油，烧至三四成热，倒入腐竹段，炸半分钟，捞出，沥干油。
4. 油锅倒入姜片、蒜末、葱段爆香；放入腐竹段、焯过水的材料，注入清水，加生抽、辣椒油、豆瓣酱、盐、鸡粉调味；淋入水淀粉勾芡即可。

小·贴士

青椒含有维生素C、膳食纤维及多种微量元素，具有保护心脏、降血压、清热解毒等功效。

风味柴火豆腐

原料 ●READY

豆腐250克，五花肉150克，香辣豆豉酱30克，朝天椒15克，蒜末、葱段各少许

调料

盐2克，鸡粉少许，生抽4毫升，食用油适量

做法 ●HOW TO MAKE

1. 朝天椒切圈；五花肉切薄片；豆腐切长方块。
2. 用油起锅，放入豆腐块，撒上少许盐，煎至两面焦黄，盛出，待用。
3. 另起锅注油烧热，倒入肉片炒至转色；放入蒜末、朝天椒圈，炒匀；放入香辣豆豉酱，炒香；加生抽、清水、豆腐块，拌匀，大火煮沸。
4. 加盐、鸡粉，炒匀调味；盖上盖，转中小火煮3分钟；倒入葱段，大火炒香即可。

小·贴士

五花肉含蛋白质、脂肪、磷、钙、铁、维生素B_1、维生素B_2、烟酸等成分，具有滋阴润燥、补虚养血的功效，对消渴、热病伤津、便秘、燥咳等病症有食疗作用。

宫保豆腐

原料 ● READY

黄瓜200克，豆腐300克，红椒30克，酸笋100克，胡萝卜150克，水发花生米90克，姜片、蒜末、葱段、干辣椒各少许

调料

盐4克，鸡粉2克，豆瓣酱15克，生抽5毫升，辣椒油6毫升，陈醋5毫升，水淀粉4毫升，食用油适量

做法 ● HOW TO MAKE

1. 黄瓜切丁；胡萝卜切丁；酸笋切丁；红椒切丁；豆腐切小方块。

2. 锅中注水烧开，加盐，放入豆腐块，煮1分钟，捞出；再倒入酸笋、胡萝卜，煮1分钟，捞出；倒入花生米，煮半分钟，捞出，沥干水。

3. 热锅注油，烧至四成热，倒入花生米，滑油至微黄色，捞出，沥干油。

4. 油锅下干辣椒、姜片、蒜末、葱段爆香；倒入红椒、黄瓜、焯好的食材、豆瓣酱、生抽、鸡粉、盐、辣椒油、陈醋、水淀粉炒匀即可。

小·贴士

黄瓜含有维生素B_2、维生素C、维生素E、胡萝卜素、烟酸、钙、磷、铁，以及丙醇二酸、葫芦素、纤维素等，具有清热利水、解毒消肿、生津止渴、增强免疫力等功效。

红油豆腐鸡丝

原料 ●READY

鸡胸肉200克，豆腐230克，花椒、干辣椒、姜片、蒜末、葱花各少许

调料

盐4克，鸡粉3克，豆瓣酱6克，辣椒油8毫升，水淀粉5毫升，生抽4毫升，食用油适量

做法 ●HOW TO MAKE

1. 豆腐切小方块；鸡肉切丝，装碗，加盐、鸡粉、水淀粉、食用油，腌渍10分钟。
2. 锅中注水烧开，加盐、鸡粉，倒入豆腐，略煮一会儿，捞出。
3. 用油起锅，倒入鸡肉丝，炒至变色；倒入姜片、蒜末、花椒、干辣椒、爆香。
4. 淋入生抽、辣椒油，倒入豆腐块，翻炒几下；倒入清水，略煮；加盐、鸡粉、豆瓣酱，翻炒匀，中火续煮至入味；淋入水淀粉勾芡即可。

·小·贴士

鸡胸肉富含蛋白质、维生素B_1、维生素B_2、烟酸、钙、磷、铁、钾等营养成分，具有温中益气、补精添髓、益五脏、补虚损、健脾胃、强筋骨的功效。

家常豆豉烧豆腐

原料 ● READY

豆腐450克，豆豉10克，蒜末、葱花各少许，彩椒25克

调料

盐3克，生抽4毫升，鸡粉2克，辣椒酱6克，食用油适量

做法 ● HOW TO MAKE

1. 彩椒切成丁；豆腐切成小方块。
2. 锅中注水烧开，加盐，倒入豆腐块，煮去酸味，捞出，沥干水，待用。
3. 用油起锅，倒入豆豉、蒜末，大火爆香；放入彩椒丁，炒匀。
4. 倒入豆腐块，注入清水，拌匀；加盐、生抽、鸡粉、辣椒酱，拌匀调味，大火略煮至食材入味；淋入水淀粉勾芡；盛出装盘，撒上葱花即可。

小·贴士

豆腐含有铁、镁、钾、钙、锌等营养元素，经常食用可以补中益气、降血压、降血糖、清热润燥、生津止渴。

咖喱豆腐

原料 ● READY

豆腐200克，姜片少许，
豌豆40克，红小米椒15克

调料

咖喱粉7克，盐2克，生抽
3毫升，水淀粉、食用油
各适量

做法 ● HOW TO MAKE

1. 豆腐切小方块；红小米椒切圈。
2. 煎锅中淋入食用油，烧至三四成热；放入豆腐块，晃动锅底，煎至两面金黄色，盛出，装入盘中。
3. 锅中注水烧开，放入豌豆，煮至断生，捞出。
4. 油锅下入姜片爆香；倒入红椒圈，炒出辣味；注入清水，倒入豌豆，放入豆腐块，大火略煮；加盐、生抽、咖喱粉，炒匀；淋入水淀粉勾芡即可。

小·贴士

豆腐含有蛋白质、B族维生素、叶酸、铁、镁、钾、铜、钙、锌、磷等营养成分，具有补中益气、清热润燥、生津止渴等功效。

鲇鱼炖豆腐

原料 ● READY

鲇鱼150克，豆腐200克，洋葱80克，泡小米椒30克，香菜15克，干辣椒适量，姜片、蒜末、葱段各少许

调料

盐、鸡粉各2克，料酒8毫升，生粉15克，生抽4毫升，豆瓣酱5克，水淀粉10毫升，芝麻油3毫升，食用油适量

做法 ● HOW TO MAKE

1. 泡小米椒切碎；洋葱切小块；香菜切段；豆腐切小方块；鲇鱼装碗，加生抽、盐、鸡粉、料酒、生粉，拌匀，腌渍10分钟。
2. 锅中注水烧开，放入豆腐，加盐，煮1分钟，去除豆腥味，捞出。
3. 另起锅注油烧至七成热，放入鲇鱼，炸至焦黄色，捞出，沥干油。
4. 油锅下干辣椒、姜片、蒜末、葱段爆香；倒入洋葱、泡小米椒、豆腐、清水、豆瓣酱、生抽、盐、鸡粉、鲇鱼、水淀粉、芝麻油炒匀即可。

小·贴士

鲇鱼含有蛋白质、B族维生素、维生素E、钙、磷、钾等营养成分，具有滋阴养血、补中气、开胃、利尿等功效。

松仁豆腐

原料 ● READY

松仁15克，豆腐200克，彩椒35克，干贝12克，葱花、姜末各少许

调料

盐2克，料酒2毫升，生抽2毫升，老抽2毫升，水淀粉3毫升，食用油适量

做法 ● HOW TO MAKE

1. 将彩椒切成片；豆腐切成长方块。
2. 热锅注油，烧至四成热，放入松仁，炸香，捞出；待油温烧至六成热，放入豆腐块，炸至微黄色，捞出。
3. 锅底留油，下入姜末爆香；放入干贝，淋入料酒，倒入彩椒，略炒；加清水、盐、生抽、老抽，炒匀。
4. 倒入豆腐块，摊开，煮2分钟至入味；淋入水淀粉勾芡；盛出装盘，撒上松仁、葱花即可。

小·贴士

松仁营养丰富，富含蛋白质和多种不饱和脂肪酸，还含有钙、磷、铁、锌等营养元素。其中不饱和脂肪酸是脑细胞的重要成分，对维护脑细胞和神经功能有良好的功效，是婴幼儿益智健脑和生长发育必不可少的营养食品。

铁板日本豆腐

原料 ● READY

日本豆腐160克，肉末50克，红椒10克，洋葱丝40克，姜片、蒜末、葱段、香菜末各少许

调料

盐2克，白糖3克，鸡粉2克，辣椒酱7克，老抽2毫升，料酒4毫升，生粉少许，水淀粉、食用油各适量

做法 ● HOW TO MAKE

1. 日本豆腐切小段，装盘，撒上生粉；红椒切小段。
2. 热锅注油，烧至四成热，放入日本豆腐，炸至金黄色，捞出，沥干油。
3. 锅底留油烧热，倒入姜片、蒜末、葱段，爆香；放入肉末，炒至变色；淋入料酒，加生抽，炒匀；倒入清水，放入红椒，炒匀。
4. 加生抽、辣椒酱、盐、鸡粉、白糖调味；汤汁沸腾后倒入日本豆腐，煮至入味；淋水淀粉勾芡，盛入洋葱铺底的预热铁板上，撒上香菜末即可。

小贴士

日本豆腐含有蛋白质、维生素和铁、钙、钾等营养成分，具有降低血压、养心润肺、美容养颜等功效。

香辣铁板豆腐

原料 ● READY

豆腐500克，辣椒粉15克，蒜末、葱花、葱段各适量

调料

盐2克，鸡粉3克，豆瓣酱15克，生抽5毫升，水淀粉10毫升，食用油适量

做法 ● HOW TO MAKE

1. 豆腐切小方块。
2. 热锅注油，烧至六成热，倒入豆腐，炸至金黄色，捞出，沥干油，待用。
3. 锅底留油，倒入辣椒粉、蒜末，爆香；放入豆瓣酱、清水，炒匀，煮沸；加生抽、鸡粉、盐、豆腐，炒匀；淋入水淀粉勾芡。
4. 取烧热的铁板，淋入食用油，摆上葱段，盛上炒好的豆腐，撒上葱花即可。

小·贴士

豆腐含有铁、镁、钾、铜、钙、锌、磷、叶酸、维生素B_1、烟酸、维生素B_6等营养成分，具有降胆固醇、降血脂、降血压等功效。

黄豆焖茄丁

原料 ● READY

茄子70克，水发黄豆100克，胡萝卜30克，圆椒15克

调料

盐2克，料酒4毫升，鸡粉2克，胡椒粉3克，芝麻油3毫升，食用油适量

做法 ● HOW TO MAKE

1. 胡萝卜切丁；圆椒切丁；茄子切丁。
2. 用油起锅，倒入胡萝卜、茄子，炒匀。
3. 注入适量清水，倒入黄豆，加盐、料酒，盖上盖，烧开后用小火煮15分钟。
4. 倒入圆椒，炒匀；再盖上盖，用中火焖5分钟至食材熟透；加鸡粉、胡椒粉、芝麻油，转大火收汁即可。

小·贴士

茄子含有膳食纤维、维生素E、维生素P、胆碱、钙、磷、铁等营养成分，具有清热止血、消肿止痛、保护心血管等功效。

茭白烧黄豆

原料 ● READY

茭白180克，彩椒45克，水发黄豆200克，蒜末、葱花各少许

调料

盐3克，鸡粉3克，蚝油10克，水淀粉4毫升，芝麻油2毫升，食用油适量

做法 ● HOW TO MAKE

1. 茭白改切丁；彩椒切丁。
2. 锅中注水烧开，加盐、鸡粉、食用油，放入茭白、彩椒、黄豆，煮至五成熟，捞出，沥干水，待用。
3. 锅中注油烧热，放入蒜末，爆香；倒入焯过水的食材，翻炒匀。
4. 放入蚝油、鸡粉、盐，炒匀调味；加清水，大火收汁；淋入水淀粉勾芡；放入芝麻油、葱花，炒匀即可。

小·贴士

黄豆含有蛋白质、维生素、异黄酮、铁、镁、锰、铜、锌、硒等营养成分，能降低胆固醇含量，有助于稳定血压，对高血压有食疗作用。

甜椒炒绿豆芽

 原料 • READY

彩椒70克，绿豆芽65克

调料

盐、鸡粉各少许，水淀粉2毫升，食用油适量

 做法 • HOW TO MAKE

1. 彩椒切丝。
2. 锅中注油，放入彩椒、绿豆芽，翻炒至食材熟软。
3. 加盐、鸡粉，炒匀调味。
4. 倒入适量水淀粉，快速炒匀至食材入味即可。

小贴士

绿豆芽含有维生素C、胡萝卜素、矿物质等成分，有清热解毒、利尿除湿等作用。绿豆芽既好烹饪，又容易咀嚼、消化，是有益于宝宝的食品。